CCS技術の新展開
New Development of CCS Technologies

《普及版／Popular Edition》

監修 茅　陽一
編集 （財）地球環境産業技術研究機構

シーエムシー出版

編集にあたって

RITEではCO_2の固定化・有効利用について，すでにいくつかの書籍を上梓している。本書と同じ出版社から，「CO_2固定化・隔離の最新技術」（監修：乾智行，2000年），「CO_2固定化・削減・有効利用の最新技術」（監修：湯川英明，2004年）を，また，工業調査会から「図解 CO_2貯留テクノロジー」（2006年）を発刊した。最初の書籍からは10年以上が経過しているが，この間に地球温暖化に関する世界の認識は著しく進み，CO_2回収・貯留技術（CCS）についても，G8サミットでその導入促進が声明に盛り込まれるまでになっている。技術進歩も著しく，本分野の最新の成果をまとめることの必要性を痛感しているときに，シーエムシー出版から本書の企画についての相談を受けた。そこで，本書ではCCSに関する事項全般を扱いながら，かつ，かなり専門的な内容まで記述することを方針とした。

本書は序章と座談会を含む7つのパートから構成される。

序章「地球温暖化対策としてのCCS」では，地球温暖化対策の中でのCCSの位置づけについて述べる。

第一編「CCSの国際動向」では，CCSに関する国際動向と各国のプロジェクト動向について述べる。

第二編「CO_2回収技術」では，排出源からのCO_2の回収技術の動向と展望を述べたのち，燃焼後回収，燃焼前回収，酸素燃焼，膜法，吸着法，その他の技術について述べる。

第三編「CO_2輸送技術」では，パイプラインや船輸送について，輸送システムの概念設計について述べる。

第四編「CO_2貯留技術」では，CO_2の地中貯留技術の動向と展望を述べたのち，さらに貯留メカニズム，地質モデリング，圧入技術，モニタリング，挙動シミュレーションおよび新技術について述べる。

第五編「CCSの安全性と経済性」では，CCSの実用化を考える上で重要な2つのファクターである安全性と経済性について述べる。

最後の，座談会「わが国でのCCSの課題と展望」は，わが国でのCCSの現状を踏まえ，今後取り組むべき課題と展望について，有識者の方々に議論していただいた座談会を記録したものである。

どの章においても述べたい事項は多数あり，それをどのように与えられたページ数の中に盛り込むか，著者の方々には相当の苦心があったと推測する。本書によって，CCSに関する認識が深まり，CCSの技術開発の進展と実施促進の一助となれば幸いである。

なお，本書の大部分は経済産業省の補助事業およびNEDO：独立行政法人　新エネルギー・産業技術総合開発機構の委託事業の成果に基づいている。また，その成果はCCSに関係する様々な機関・大学・企業の方々の協力の上に成り立っている。この場を借りて，深く御礼申し上げたい。

2011年　秋

㈶地球環境産業技術研究機構　研究企画グループ
高木正人

刊行にあたって

　温暖化は，21世紀に人類が直面するもっとも深刻な地球環境問題だろう。この影響を最小限に抑え込むために，温室効果ガスの大気への排出をできるだけ抑制する努力が世界各国で行われている。温室効果ガスの中心となるのは，化石燃料の消費に伴って排出される二酸化炭素（CO_2）で，世界的にはこれを2050年までに半減しよう，という目標がしばしば取り上げられている。そのため，国際エネルギー機関（IEA）はそれを実現するためのロードマップを描き，これをBLUE Map シナリオと呼んで発表している。それをみると，対策の第一は化石燃料を再生可能エネルギーや原子力という二酸化炭素を排出しないエネルギーへの転換であるが，といって現在エネルギーの主力である化石燃料をただちに止めるわけにはいかない。そこで，それら化石燃料をある程度利用すると同時に，出てきた二酸化炭素を回収し，地中等に貯留する技術（CCS）が重要な対策の一つとして大きく取り上げられている。BLUE Map シナリオでは，二酸化炭素半減努力の19％がCCSによるものとされており，CCSが今後の二酸化炭素の削減には欠くことのできない技術であることが確認されている。

　このCCSは天然ガスに随伴して排出されるCO_2を回収・地下に貯留する技術として，すでに北海のSleipner天然ガス田をはじめとしていくつかのガス田に適用されている。また，CO_2の貯留技術は米国を中心に石油の三次回収方策として多くの油田で利用されている。このような実績をもとにして，今後は火力発電所や製鉄所などの産業における大規模なCO_2発生源にCCSを適用していくことが想定されており，IEAのシナリオはその考えを具体的に表現したものと考えてよい。

　このように，CCSの将来の重要性は明らかだが，従来その内容を専門的な立場から詳細かつ総合的に扱った書はほとんど存在しなかった。そこで，本書は，CCSについて，特に技術を中心に多面的総合的に解説している。大部分の著者はCCSを専門とした地球環境産業技術研究機構の研究者で，実地にCCSを取り扱った経験を持っているので，この書の内容については自信を持って推薦できる。読者も期待をもって読んでいただきたい。

平成23年11月

㈶地球環境産業技術研究機構・副理事長

茅　陽一

普及版の刊行にあたって

本書は2011年に『CCS技術の新展開』として刊行されました。普及版の刊行にあたり，内容は当時のままであり加筆・訂正などの手は加えておりませんので，ご了承ください。

2018年4月

シーエムシー出版　編集部

執筆者一覧（執筆順）

茅　　陽一	㈶地球環境産業技術研究機構　副理事長	
高木　正人	㈶地球環境産業技術研究機構　研究企画グループ　サブリーダー／ 同機構　東京分室　分室長	
山地　憲治	㈶地球環境産業技術研究機構　理事・研究所長	
秋元　圭吾	㈶地球環境産業技術研究機構　システム研究グループ　グループリーダー・副主席研究員	
佐藤　真樹	㈶地球環境産業技術研究機構　研究企画グループ　主幹 （現：東北電力㈱）	
清水　淳一	㈶地球環境産業技術研究機構　研究企画グループ　研究支援チーム　主幹	
広田　　健	㈶地球環境産業技術研究機構　CO_2貯留研究グループ　主任研究員	
風間　伸吾	㈶地球環境産業技術研究機構　化学研究グループ　グループリーダー・主席研究員	
東井　隆行	㈶地球環境産業技術研究機構　化学研究グループ　主席研究員	
後藤　和也	㈶地球環境産業技術研究機構　化学研究グループ　主任研究員	
大野　拓也	日揮㈱　技術開発本部　技術推進部　部長・チーフエンジニア	
甲斐　照彦	㈶地球環境産業技術研究機構　化学研究グループ　主任研究員	
余語　克則	㈶地球環境産業技術研究機構　化学研究グループ　主任研究員	
氣駕　尚志	㈱IHI　電力事業部スタフグループ　部長	
谷口　育雄	㈶地球環境産業技術研究機構　化学研究グループ　主任研究員	
真野　　弘	㈶地球環境産業技術研究機構　化学研究グループ　主任研究員	
湯浅　城之	（一財）エンジニアリング協会　技術部　海洋開発室　主任研究員	
古川　博宣	（一財）エンジニアリング協会　石油開発環境安全センター　研究主幹	
酒見　卓也	大成建設㈱　環境本部　環境開発部　次長	
小嶋　令一	大成建設㈱　エンジニアリング本部　新エネルギーグループ　主事	

石川 嘉一	JFEテクノデザイン㈱ エンジニアリング部 部長	
増井 直樹	㈱大林組 生産技術本部 海洋土木技術部 主席技師	
矢野 州芳	三菱重工業㈱ 船海技術総括部 主席技師	
藤田 秀雄	三井造船㈱ 船舶・艦艇事業本部 基本設計部 部長	
村井 重夫	㈶地球環境産業技術研究機構 CO_2貯留研究グループ グループリーダー	
野村 眞	㈶地球環境産業技術研究機構 CO_2貯留研究グループ 主席研究員	
三戸 彩絵子	㈶地球環境産業技術研究機構 CO_2貯留研究グループ 主任研究員	
千代延 俊	㈶地球環境産業技術研究機構 CO_2貯留研究グループ 研究員	
井之脇 隆一	日本CCS調査㈱ 技術2部 掘削グループ長	
薛 自求	㈶地球環境産業技術研究機構 CO_2貯留研究グループ 副主席研究員	
小牧 博信	㈶地球環境産業技術研究機構 CO_2貯留研究グループ 主任研究員	
喜田 潤	㈶地球環境産業技術研究機構 CO_2貯留研究グループ 主任研究員	
瀧澤 孝一	㈶地球環境産業技術研究機構 CO_2貯留研究グループ 主任研究員	
小出 和男	㈶地球環境産業技術研究機構 研究企画グループ 研究支援チーム 主幹／同機構 CO_2貯留研究グループ 主任研究員	
岩本 力	㈶地球環境産業技術研究機構 研究企画グループ 研究支援チーム （現：新日鉄エンジニアリング㈱）	
秦 茂則	経済産業省 産業技術環境局 地球環境連携・技術室 室長	
佐藤 光三	東京大学 大学院工学系研究科 教授	
中尾 真一	工学院大学 工学部 教授	
松岡 俊文	京都大学 大学院工学研究科 教授	
阿部 正憲	日本CCS調査㈱ 技術企画部長	
本庄 孝志	㈶地球環境産業技術研究機構 専務理事	

執筆者の所属表記は，2011年当時のものを使用しております。

目次

序章　地球温暖化対策としてのCCS　　山地憲治，秋元圭吾

1　はじめに …………………………………… 1
2　地球温暖化対策の目標 …………………… 1
3　地球温暖化対策の基本構造 ……………… 2
4　CCSとは …………………………………… 5
5　温暖化対策シナリオにおけるCCSの役割 …………………………………………… 5

【第一編　CCSの国際動向】

第1章　CCSの政策動向　　佐藤真樹，高木正人

1　CCSの国際的枠組み（G8とMEF） … 10
　1.1　G8グレンイーグルズ・サミット … 10
　1.2　G8洞爺湖サミットとIEAエネルギー技術見通し ……………………… 10
　1.3　国際連携機関の設立 ………………… 12
　1.4　IEA　CCSロードマップ …………… 12
　1.5　G8ラクイラ・サミットとMEFの設立 ……………………………………… 13
　1.6　G8ムスコカ・サミット ……………… 13
2　世界のCCS政策 ………………………… 14
　2.1　政府の財政支援 ……………………… 14
　2.2　法基準類の整備 ……………………… 14
　2.3　キャプチャーレディ ………………… 15
3　日本のCCS政策 ………………………… 16
　3.1　技術戦略マップ ……………………… 16
　3.2　ロンドン条約と海洋汚染防止法 …… 17
　3.3　Cool Earth-エネルギー革新技術計画 …………………………………… 17
　3.4　CCS国内実証試験へ向けた取組み …………………………………………… 17
　3.5　エネルギー基本計画 ………………… 17

第2章　CCSのプロジェクト動向　　清水淳一，広田　健

1　CCSプロジェクトの現状 ……………… 19
　1.1　CCSプロジェクト数について …… 19
　1.2　大規模プロジェクト（LSIPs）について ……………………………………… 20
　1.3　大規模プロジェクトへの主要公的資金支援プログラムについて …… 24
　1.4　CCSプロジェクトキャンセル／遅延の要因について …………………… 25
2　海外CCSプロジェクト ………………… 26
　2.1　運転段階にあるプロジェクト ……… 27
　2.2　実行段階にあるプロジェクト ……… 27

I

【第二編　CO_2回収技術】

第3章　分離回収 —全体観と今後の展望—　　風間伸吾

1　はじめに …………………………………… 31
2　二酸化炭素（CO_2）の物性 …………… 32
3　CO_2発生源と回収の最適な組合せ …… 32
4　CO_2回収技術の現状と課題 …………… 34
　4.1　化学吸収：常圧用化学吸収液 …… 34
　4.2　化学吸収：高圧用吸収液 ………… 34
4.3　物理吸収 ………………………………… 35
4.4　膜分離 …………………………………… 35
4.5　吸着（固体吸収材） …………………… 36
4.6　酸素燃焼 ………………………………… 36
5　今後の展望 ………………………………… 37
6　おわりに …………………………………… 39

第4章　燃焼後回収 —化学吸収法を中心に—　　東井隆行, 後藤和也

1　燃焼後回収技術の概要 …………………… 41
2　化学吸収法の国際動向 …………………… 43
3　RITE技術の紹介 ………………………… 46
4　今後の展望 ………………………………… 48

第5章　燃焼前回収 —物理吸収法, 化学吸収法—　　大野拓也

1　燃焼前回収技術の概要 …………………… 51
　1.1　全般 …………………………………… 51
　1.2　物理吸収法 …………………………… 53
　1.3　化学吸収法 …………………………… 54
　1.4　ハイブリッド法（物理吸収・化学吸収混合） ………………………………… 56
2　世界の動向 ………………………………… 57
3　今後の展望 ………………………………… 59

第6章　膜　法　　甲斐照彦, 風間伸吾

1　膜分離技術の概要 ………………………… 61
2　CO_2分離膜研究開発の国際動向 ……… 62
　2.1　高分子膜 ……………………………… 62
　2.2　無機膜 ………………………………… 64
2.3　イオン液体膜 …………………………… 64
2.4　促進輸送膜 ……………………………… 65
3　分子ゲート膜 ……………………………… 65
4　まとめと今後の展望 ……………………… 67

第7章　吸着法　　余語克則

1　はじめに …………………………… 70
2　吸着分離法の概要 ………………… 70
　2.1　吸着分離とは ………………… 70
　2.2　物理吸着法によるCO_2分離回収技術 ……………………………… 71
　2.3　現行の吸着分離法の課題 …… 71
3　吸着分離法開発の最新国際動向 … 73
　3.1　ULCOSプロジェクト ………… 73
　3.2　COURSE50プロジェクト …… 73
　3.3　米国NETL固体吸収材プロジェクト ……………………………… 74
4　RITEにおける新規CO_2吸着分離技術開発 ………………………………… 74
　4.1　アミン修飾メソ多孔体の耐水蒸気型CO_2吸着材としての適用 …… 74
　4.2　高圧ガスからのCO_2分離用吸着剤 ………………………………… 75
5　今後の展望 ………………………… 77

第8章　酸素燃焼法　　氣駕尚志

1　概要 ………………………………… 79
2　酸素燃焼法の概要 ………………… 79
3　世界の酸素燃焼システムの開発動向 … 81
4　カライド（Callide）酸素燃焼プロジェクト ……………………………… 82
　4.1　対象発電所および貯留サイト … 82
　4.2　プロジェクトの背景およびスケジュール ……………………… 83
　4.3　実証運転での確認事項 ……… 84
5　商用化に向けて …………………… 84
　5.1　プラント高効率化による効率低下の軽減 ……………………… 84
　5.2　将来の商用化に向けた技術的課題 ………………………………… 85
6　まとめ ……………………………… 86

第9章　その他回収方法 ―新規回収法を中心に―　　谷口育雄，真野　弘

1　はじめに …………………………… 88
2　膜・吸収ハイブリッド法 ………… 88
　2.1　膜・吸収ハイブリッド法の開発 … 88
　2.2　膜・吸収ハイブリッド法の概要 … 89
　2.3　膜・吸収ハイブリッド法の特徴 … 90
　2.4　膜・吸収ハイブリッド法の適用例と今後の展開 ………………… 91
3　ケミカルルーピング法 …………… 92
4　温度スイング昇華法（Thermal Swing Sublimation） ……………………… 94
5　深冷分離法 ………………………… 94
6　ハイドレート法 …………………… 94
7　電気スイング吸着法 ……………… 94
8　溶融炭酸塩燃料電池による回収法 … 95

【第三編　CO_2輸送技術】

第10章　CO_2輸送技術

湯浅城之，古川博宣，酒見卓也，小嶋令一，石川嘉一，増井直樹，矢野州芳，藤田秀雄

1　はじめに …………………………………… 97
2　CO_2輸送システムの概要 ………………… 97
3　液化CO_2貯蔵タンク（陸上基地，洋上着底基地） …………………………………… 98
　3.1　設計条件 ……………………………… 99
　3.2　陸上基地及び洋上着底基地用貯蔵設備（液化CO_2タンク）の仕様 … 99
　3.3　得られた知見と今後の課題 ………… 99
4　液化CO_2輸送船 ………………………… 101
　4.1　目的 …………………………………… 101
　4.2　液化CO_2輸送船の検討内容 ……… 101
　4.3　研究の成果 …………………………… 101
　4.4　今後の課題 …………………………… 103
5　洋上着底基地 …………………………… 104
　5.1　概要 …………………………………… 104
　5.2　検討条件の設定 ……………………… 104
　5.3　基本構造及び基礎の選定 …………… 104
　5.4　荒天待機の評価 ……………………… 105
　5.5　構築工法の提案 ……………………… 105
　5.6　今後の課題 …………………………… 105
6　洋上浮体基地 …………………………… 105
　6.1　浮体形式と係留方式 ………………… 106
　6.2　概念設計の例 ………………………… 106
　6.3　今後の課題 …………………………… 107
7　CO_2ハイドレート船舶輸送 …………… 107
　7.1　CGH輸送の基本システムの構築 … 108
　7.2　CGH輸送のモデルケースの設定（実証機ベース） ………………………… 108
　7.3　CGH輸送の特徴 …………………… 109
　7.4　今後の課題 …………………………… 109
8　パイプライン輸送 ……………………… 110
　8.1　海外の動向 …………………………… 110
　8.2　国内の適用法規 ……………………… 110
　8.3　輸送条件 ……………………………… 110
　8.4　パイプ材質と腐食対策 ……………… 111
　8.5　パイプライン・システム構成 ……… 111
　8.6　施工方法 ……………………………… 112
　8.7　課題 …………………………………… 113

【第四編　CO_2貯留技術】

第11章　CO_2地中貯留技術の動向と今後の展望　村井重夫，高木正人，野村　眞

1　CO_2地中貯留技術の概要 ……………… 115
2　海外動向 ………………………………… 116
　2.1　海外CO_2地中貯留プロジェクトの動向 …………………………………… 116
　2.2　研究開発動向 ………………………… 117
3　国内動向 ………………………………… 118

3.1 わが国におけるCO_2貯留層調査と貯留ポテンシャルの算出 …… 118
3.2 長岡プロジェクトの成果と今後 … 121
3.3 大規模実証試験の進捗状況 ……… 122
4 CO_2地中貯留実用化のための課題と今後の展望 …………………………… 123

第12章　CO_2地中貯留メカニズム　　三戸彩絵子

1 はじめに ………………………… 126
2 トラップメカニズム …………… 127
  2.1 構造/層位トラップ …………… 128
  2.2 ガストラップならびに残留ガストラップ ……………………………… 128
  2.3 溶解トラップならびにイオン化トラップ ……………………………… 130
  2.4 鉱物トラップ ………………… 132
3 おわりに ………………………… 134

第13章　地質モデリング技術　　千代延　俊

1 はじめに ………………………… 136
2 地質モデル構築の流れ ………… 136
3 地質モデル構築に必要な調査・探査の種類 ………………………………… 137
  3.1 地質学的記載 ………………… 138
  3.2 各種物理検層 ………………… 140
  3.3 弾性波探査 …………………… 140
4 各種探査記録の統合 …………… 141
  4.1 時間-深度変換 ……………… 141
  4.2 主要地層境界面 ……………… 141
  4.3 対象層準（貯留層）詳細解析 … 142
  4.4 岩石物性パラメータ設定 …… 142
5 CO_2圧入実証サイトでの地質モデル構築 ………………………………… 142

第14章　CO_2圧入技術（掘削関係）　　井之脇隆一

1 掘削技術の現状 ………………… 145
2 CO_2圧入井の概要 ……………… 145
3 大偏距井（ERD）掘削技術について ……………………………………… 148

第15章　CO_2モニタリング技術　　薛　自求

1 はじめに ………………………… 151
2 CO_2挙動モニタリング ………… 151
3 CO_2挙動モニタリングの結果 … 152
  3.1 音波検層 ……………………… 152

| 3.2 比抵抗検層 ………………… 153
| 3.3 中性子検層 ………………… 154
| 3.4 坑井間弾性波トモグラフィによる速度異常域の検出 ………… 155

第16章　CO₂挙動シミュレーション技術　　薛　自求

1　はじめに ………………………… 158
2　GEM-GHG ……………………… 158
　2.1　主な機能の概要 ……………… 158
　2.2　長岡サイトにおけるCO₂圧入実証試験への適用 ………………… 159
3　TOUGH2系解析コード ………… 161
　3.1　TOUGH2系解析コードの概要 … 161
　3.2　貯留層の圧力変化やTOUGH2によるCO₂地中挙動解析 ………… 162
4　まとめ ………………………… 164

第17章　新CO₂貯留技術　　薛　自求

1　はじめに ………………………… 166
2　CO₂マイクロバブル観察実験 …… 167
3　CO₂マイクロバブル観察実験結果 …… 168
4　まとめ ………………………… 170

【第五編　CCSの安全性と経済性】

第18章　地中貯留の安全性評価　　小牧博信，喜田　潤，瀧澤孝一

1　安全性評価技術の必要性 ………… 173
2　CO₂地中貯留に関するリスク評価とリスク管理 ………………………… 174
　2.1　はじめに ……………………… 174
　2.2　CO₂貯留プロジェクトに関するリスク評価と管理のための枠組み … 174
　2.3　RITEにおける取り組み ……… 175
3　環境安全性評価技術, 動向 ……… 177
　3.1　海底下CCSの環境影響に係る法規制 ……………………………… 177
　3.2　CO₂漏出事例仮説 …………… 179
　3.3　海洋生物に及ぼす高CO₂環境の影響 ………………………………… 180
　3.4　おわりに ……………………… 180
4　CCSの安全な実施に向けた取り組み ………………………………… 180
5　CCSの社会受容性 ……………… 183

第19章　CCSの経済性　　小出和男, 岩本　力, 高木正人

1　はじめに ……………………… 185
2　CCSの経済性評価 ……………… 186
3　各工程別のコスト算出 ………… 187
　3.1　CO_2の回収 ……………… 187
3.2　輸送 ……………………… 189
3.3　貯留 ……………………… 190
4　おわりに ……………………… 191

座談会　わが国でのCCSの課題と展望
……… 195
秦　茂則, 佐藤光三, 中尾真一, 松岡俊文, 阿部正憲, 高木正人, 本庄孝志

序章　地球温暖化対策としてのCCS

山地憲治[*1], 秋元圭吾[*2]

1 はじめに

　地球温暖化対策は地理的にも時間的にも広範な領域を扱う必要がある。学問分野としても対策技術を扱う工学の諸分野はもとより，制度的対策については環境経済学，気候変動現象の理解やその影響評価については地球物理や生命科学など理学や農学分野の知識も必要になる。また，地球温暖化対策は今や国際政治の重要課題であり，国際関係論や政治学の視点からの理解も必要である。つまり，地球温暖化対策は，多くの学術分野を横断する総合的な課題である。

　本書は地球温暖化対策として期待されているCO_2回収・貯留技術（CCS）について総合的な視点から解説を行うが，本章では，総合的課題としての地球温暖化対策におけるCCSの位置づけについて述べる。

2 地球温暖化対策の目標

　地球温暖化対策に向けた具体的行動を伴う世界的取り組みは，1997年に採択された京都議定書から始まった。京都議定書では，先進国を対象に2010年を中心とする5年間について，1990年比での温室効果ガス削減目標が定められた。現在は，新たに2020年を目標年として各国から削減目標が提示されている段階で，その実現に向けた国際的枠組みについては困難な交渉が続いている。

　しかし，地球温暖化対策にとって，2020年の中期目標はほんの至近の通過点に過ぎない。2007年に安倍元首相が提案した「クールアース50（美しい星50）」の2050年までに世界の温室効果ガス排出を半減するという長期目標ですら，地球温暖化対策の究極目標にとっては通過目標（の候補）である。

　地球温暖化対策の究極目標について，気候変動枠組条約第2条では「気候系に対して危険な人為的干渉を及ぼすこととならない水準において，大気中の温室効果ガスの濃度を安定化」することとし，それを「生態系が気候変動に自然に適応し食料の生産が脅かされず，かつ経済開発が持続可能な態様で進行することができるような期間内」に達成すべきとしている。これに対し，

　[*1]　Kenji Yamaji　㈶地球環境産業技術研究機構　理事・研究所長
　[*2]　Keigo Akimoto　㈶地球環境産業技術研究機構　システム研究グループ　グループリーダー・副主席研究員

IPCC第4次評価で対策に関する知見をまとめたWG3の評価報告書では，政策目標設定における「危険な人為的干渉」に関する決定は，科学に基づいて決めるには限界があり，規範的な判断（価値判断）を含まざるを得ないと指摘している。

つまり，地球温暖化対策は長期的に世界全体の温室効果ガス排出量を大幅に削減して気候を安定化することが目標であるが，その具体的な水準と時期については，少なくとも科学の世界では合意されていない。2009年7月のラクイラサミットの宣言文には「我々は，産業化以前の水準からの世界全体の平均気温の上昇が2℃を超えないようにすべきとの広範な科学的見解を認識する」という表現があるが，IPCCの報告書を詳細に読めば，これは合意された科学的見解ではないことがわかる。そもそもIPCCは政策当局に対して「・・・すべきである」という規定的な表現はしないことになっている。科学と政治の関係は難しい。

なお，地球温暖化対策の目標を考える時，科学や将来シナリオ設定における不確実性に留意する必要があることを指摘しておきたい。気候に関わる各種過程の温暖化に伴う変化には科学的に未解明の部分も多く，将来予測結果に無視できない不確実性をもたらしている。従って，国際的な地球温暖化対策の策定には，予測の不確実性を低減する科学的努力が不可欠である。一方で，予測計算の前提となる社会経済シナリオにも当然ながら大きな不確実性があり，予測結果に影響を与えるほか，将来の大規模火山の噴火や太陽活動の変動といった自然起源の変動要因も不確実である。

これらの不確実性のうち，各種フィードバックが予測の範囲を超えた場合や未知のプロセスが働いた場合，「サプライズ」が起こる可能性もある。現在想像できる範囲でも，凍土のメタン放出等による温暖化の加速，南極氷床の流出や氷河融解の加速による想定以上の海面上昇，海洋熱塩循環の停止による北大西洋の寒冷化などが考えられる。このようなサプライズが生じたり不確実性の範囲のうち高めの気温上昇が実現した場合にも手遅れにならないためには，発生確率を勘案の上，適切な予防対策を講じる必要がある。

つまり，地球温暖化に関する科学的知見には未解明で不確実な部分があり，気温上昇の将来予測にも大きな幅があるが，予防原則に立ってCCSを含めて種々の対策を用意しておく必要がある。

3 地球温暖化対策の基本構造

地球温暖化を招いた原因の根源には我々の欲望がある。我々が電力やガス，石油などのエネルギーを使用するのは，それ自体が目的ではない。電気を使ってテレビを見たり，車に乗って遊びに行きたいからエネルギーを使う（最終需要としてのエネルギー使用）。また，車やテレビを作るため，さらにはその材料である鉄を作るために大量のエネルギーを使う（生産要素としてのエネルギー使用）。つまり，我々の欲望がまず存在し，それを満たすために，直接間接にエネルギーが使われている。地球温暖化の根本的な原因はこの人間の欲望にある。

序章　地球温暖化対策としてのCCS

　モノやサービスに対する人間の欲望から地球温暖化の被害までを，エネルギー利用に伴うCO_2排出に注目して，人間の欲求→物・サービス生産（行動変化）→エネルギー需要（省エネルギー）→CO_2排出（エネルギーの脱炭素化）→大気中CO_2濃度上昇（CO_2回収・貯留，吸収・固定）→温暖化のインパクト（気候制御）→温暖化による損害（適応），という各フェーズに分解し，それぞれのフェーズにおける対策のタイプを整理すると，図1のようになる。
　まず第1に，物質的欲望の束縛から脱却すれば，我々のエネルギー消費は激減するに違いない。しかし，人間の欲望のコントロールは難しい。ただし，リサイクルや製品の長寿命化など，同じ欲望をより少ない生産量で満足させるように生活スタイルを変えるなどの行動変化なら見込みがありそうだ。このフェーズの対策では，技術によって拓かれた可能性を現実の効果に実らせるために，社会的対応と組み合わせることが重要である。
　次のフェーズは，同じ生産あるいはサービスをより少ないエネルギー使用量で行う技術である。ここでは，個別機器の効率改善から交通システムや都市構造の工夫まで，多種多様な技術的可能性がある。温暖化対策として，エネルギー使用の効率化，つまり省エネルギーは最も基本となるべきものである。
　その次のフェーズのエネルギー供給源の脱炭素化も，省エネルギーと並んで温暖化対策の重要な柱である。天然ガスへの燃料転換は既に世界的規模で急速に進展しているし，原子力や再生可能エネルギーなど非化石エネルギー利用の推進は，地球環境時代のエネルギーの長期的基本戦略である。
　続いて，大気中のCO_2濃度上昇の抑制技術がある。これには，大きく分けて二つの対応がある。この中の一つが，燃料からの炭素分の除去や燃焼後の排ガスからCO_2を除去して隔離するCO_2回収・貯留技術（CCS）であり，本書の中心テーマである。バイオマスのエネルギー利用と

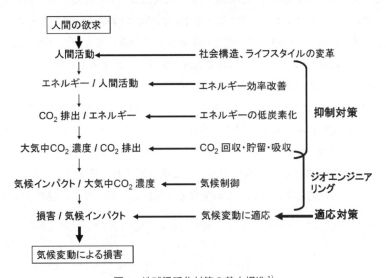

図1　地球温暖化対策の基本構造[1)]

CCS技術の新展開

　CCSを組み合わせれば，エネルギー生産と同時に大気からCO_2を吸収する，つまり，CO_2排出をマイナスにすることすら可能になる。この場合，除去した大量の炭素分を地中に処分するなどの対策が必要となるが，長期的に安全にCO_2が隔離されることが保証されなければならない。

　このフェーズでのもう一つの対策は，大気中のCO_2を吸収・固定する技術である。これには植林以外にも，海洋に栄養素を投入して植物性プランクトンを増殖させる海洋施肥や牧草の根にCO_2を固定するなどの提案がある。海洋中にCO_2を固定した場合には，食物連鎖を考慮して大気から吸収した炭素分が海底に沈降する量を確認する必要がある。また，地上のバイオマスに固定した場合には，CO_2の除去はバイオマスの成長期間に限られる点に注意するとともに，固定したバイオマスストックの維持や，施肥やバイオマスの腐敗に伴うメタンや亜酸化窒素（N_2O）などCO_2以外の温室効果ガスの排出についても慎重な配慮が必要となる。

　さらには，温室効果による気温上昇に対し，人工的な地球冷却によって温暖化を相殺するという気候制御技術も考えられる。例えば，ジェット機の排気ガスを利用して大気の上層部にエアロゾルを散布して太陽光の反射率（アルベド）を増し地球を冷却するアイデアなどが提案されている。海洋施肥やアルベド制御のように地球の物質・エネルギー循環を変える大規模技術はジオエンジニアリングと呼ばれている。実行には十分過ぎるほどの慎重な対応を要するものの，長期的な温暖化対策技術のメニューの中には残しておくべきであろう。

　最後に，地球温暖化の損害を緩和する，いわゆる適応技術がある。温暖化対応の農林産物の品種改良，植物工場など農業の気候依存性の低減，洪水などに対する早期警戒システムの構築，オランダで現実に行われたような大規模堤防工事による海面上昇への対応などが含まれる。地球温暖化現象の非可逆性を考慮すれば，このような適応技術の可能性を検討しておくことも重要課題である。地球温暖化の被害は特に途上国において著しいと予想される。途上国の国土を洪水などに対して抵抗力のある強靭なものにし，農業生産を近代化して気候変動による影響を弱めることは地球温暖化対策としてだけでなく，途上国の発展のために基本的に必要なことである。つまり，適応技術は途上国にとっては地球温暖化問題の不確実性を考慮しても取られるべきノーリグレット対策（たとえ深刻な温暖化が生じない場合でも他のメリットがあるため後悔しないで済む対策）であることに留意する必要がある。

　なお，地球温暖化対策の中核となるのは化石燃料からのCO_2排出を抑制するエネルギー分野での対策であるが，農業や林業分野での削減余地も大きい。これらの分野では，CO_2吸収やCO_2以外の温室効果ガスの削減の効果が大きい。つまり，エネルギー使用に伴うCO_2排出削減だけを考えるのでなく，森林保全によるCO_2吸収の増大や農業分野におけるメタンやN_2Oの削減対策を組み合わせることで合理的対策になる。この分野では発展途上国に多くの削減可能性が存在している。

4　CCSとは

CCSとはCarbon Dioxide Capture and Storageの略であり，図2に示す様に大規模発生源から分離回収したCO_2を地中あるいは海洋に注入し，貯留・隔離することによって，CO_2の大気中への排出を削減する技術である。従って，分離回収，輸送，圧入・貯留という3つの要素（工程）からなる。貯留工程は前述のように地中貯留と海洋隔離に大別されるが，海洋隔離は研究開発段階であり，その実施には相当の時間がかかることから，本書の議論は地中貯留に限定する。

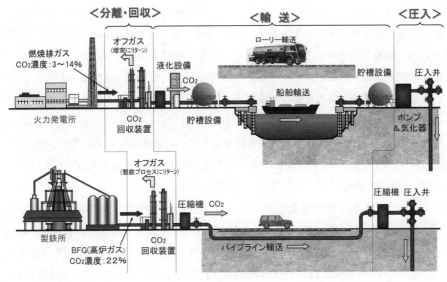

図2　CCSのシステム

5　温暖化対策シナリオにおけるCCSの役割

先に述べたように，産業革命以前からの気温上昇の許容上限値は科学的には合意されていない。また，仮に許容上限値に合意があったとしても，それを実現するために世界の排出量をいつ，どのレベルに抑制すべきかも不確実性は大きい。一方で，気候を安定化させるには，長期的には世界全体の温室効果ガス排出量を現在の半分以下といったレベルで大幅に削減しなければならないことは疑いの余地がない。世界排出量の大幅なる削減は必要不可欠である。しかしながら，特にCO_2排出は，エネルギー利用と密接であり，その削減は大きなコストがかかり容易ではない。我々が有しているリソースは限られており，大幅な排出削減を行っていくには，いかに効率良く排出を削減すべきかの戦略を立てることが重要である。しかも，それを世界レベルで，そして時間軸を踏まえて考えなければならない。ここでは，図1で示した抑制対策としていかなる対策をどのようなタイミングで，どの程度実施するとより小さなコストで大きな排出削減を実現できる

のかを見ることとしたい。

　図3は，世界のCO_2排出量を2050年までに半減するために最もコスト効率的な削減を行うための対策別の削減寄与度を示したものである。図は世界全体のシナリオであるが，実際には，地域による経済成長の違い，産業構成の違い，導入済みの省エネルギー技術レベル，再生可能エネルギーのポテンシャル・コスト，CO_2貯留層の貯留ポテンシャルなど，様々な地域的な差異を考慮した上で策定したものである。温暖化対策を仮にとらないとすれば，世界排出量は今後も伸び続け2050年には現在のおよそ2倍（年間570億トン）に達すると見込まれる。よって，排出量半減といっても実際には概ね4分の1に減らさなければならない。図3で示すシナリオは，温暖化対策をとらない場合から，それぞれの対策でどの程度排出削減すれば最も費用効率的な対策となるのかを計算したものである。必ずしも将来を予測しているわけではなく，一定の前提条件，仮定の下での合理的な対策の組み合わせを示し，我々が検討すべき一つの方向性を提示しているものとして解釈すべきである。まずは，各部門における省エネルギーは削減への大きな寄与が期待され，これを強力に推し進めることが重要なことがわかる。そもそも省エネルギー対策は経済合理性を有する部分が大きいため，温暖化対策をとらないベースラインでも，相当省エネが進展すると見込まれる。図3はベースラインにおける省エネへの追加分を示しており，省エネは基幹的な温暖化対策と言える。ただし，社会には省エネ普及を妨げる様々な障壁が存在しているため，様々な制度，方策等で障壁除去に努めることが重要である。

　一方，エネルギーの低炭素化も重要である。2050年時点で見ると，発電部門だけで見ても，石炭，石油からガスへの転換で11％相当，そして原子力の利用促進で15％相当の削減が見込まれる。そして，当然ながら再生可能エネルギーの拡大も重要であり，14％相当を見込んでいる。そして，発電部門でのCCSは17％程度（75億トン）の寄与を見込んでいる。発電部門におけるCCSが中心的ではあるが，その他にも鉄鋼部門などでのCCS利用（1％程度，4億トン）も見込

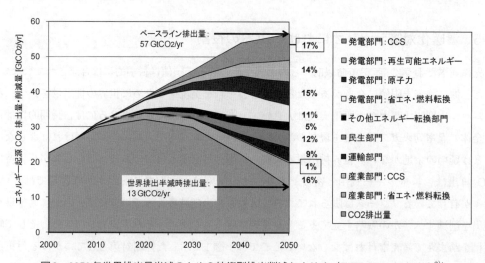

図3　2050年世界排出量半減のための技術別排出削減シナリオ（RITE 2011シナリオ[2]）

序章　地球温暖化対策としてのCCS

んでいる．2020年までの比較的近い時点においては省エネルギー，化石燃料間の転換が主に削減に寄与するが，徐々に，原子力，CCS，再生可能エネルギーの寄与度が大きくなっていく．2030年ではCCSの利用は20億トン程度と見込んでいる．

　将来のコスト効率的な削減シナリオは，前提とする各種技術のコストの見通し，ポテンシャルの推計等によって異なってくる．図3はRITEにおいて策定したシナリオであるが，図4に国際エネルギー機関（IEA）によるシナリオも紹介しておく．詳細には当然ながら違いはあるものの，大きな見通しは概ね似通っている．IEAの見通しでは2050年にはCCSによる削減寄与は19％程度としている．いずれにおいても，唯一の支配的な対策は存在せず，様々な対策を適切に組み合わせて大幅な削減を行うことが，コスト効率的な排出削減を考えるときに重要であり，またそうしなければ大幅な削減はできないことが示唆される．そして，CCSはその中で，特に中長期において中核的な役割を担うべき対策技術と言える．一方で，更に2100年もしくは2200年といった超長期的なスケールで見れば，CCSは，化石燃料に依存しない社会へのブリッジとしての技術であることも認識しておく必要はあるだろう．

　IEAはそのときの地域的なCCS利用量のシナリオも提示している（図5）．2015年には18プロジェクト，2020年には100プロジェクト（年間3億トン程度），2050年には3400プロジェクト（年間100億トン程度）を実施するようなシナリオを策定している．将来的には，特に，エネルギー需要が増大しCO_2排出量が大きくなると見込まれる途上国でのCCS利用が大きくなるものと見込まれている．実際にも，小規模な実証から徐々に規模を拡大し，技術の成熟をはかりつつ，世界で幅広く普及させていくことが必要であろう．

　このようにCCSは，世界排出量を半減するような大幅な排出削減を行う場合，コスト効率性の高い対策である．しかしながら，シナリオの解釈には注意も必要である．RITEの分析では2050年に半減するときの限界削減費用（炭素価格に相当）は480＄/tCO_2程度にも及ぶと推計している．IEAの分析はそれよりも少し楽観的ながら，それでも175＄/tCO_2と推定している．CCSは，大雑把には現状において5,000〜10,000円/tCO_2程度の費用を要すると見られる．

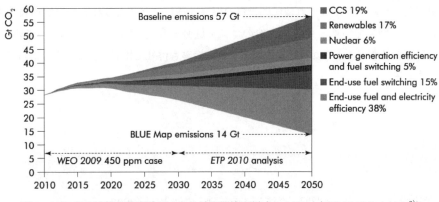

図4　2050年世界排出量半減のための技術別排出削減シナリオ（IEA 2010シナリオ[3]）

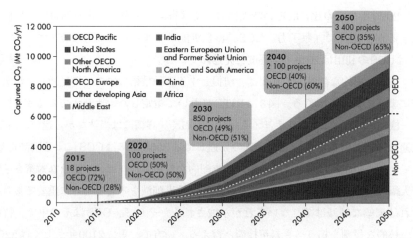

図5　2050年世界排出量半減時の世界地域別CCS利用シナリオ（IEA 2010シナリオ[3]）

　CCSは費用の高い対策であるものの，世界排出量を半減するために必要な限界削減費用と比較すれば，仮に現状の費用のままであっても限界削減費用を下回る費用で実現できる部分が大きいことになる。そのため，シナリオにおいても大きな導入が見込まれているわけである。しかし，このように高い削減費用の対策を大量に実施した場合，経済，雇用等に大きな影響が及ぶ可能性がある。現実の社会が受け入れることができるかは不明であり，むしろ困難であると考えた方が適切だろう。経済，雇用等への影響が許容可能な最小レベルに抑えつつ，温暖化対策を進めざるを得ない。すなわち，世界排出量を2050年に半減するといった厳しい削減目標の達成は，技術的には可能なものの，現状見通せる対策で漸進的な技術進展を見込んだ程度では，現実世界でそれを実施することは相当困難と見られる。世界排出量半減といった厳しい削減目標達成のためには，現在考えが及んでいないような劇的な技術革新が不可欠と考えられる。

　また，幅広いCCS利用のためには，民間投資を促すことが不可欠であるものの，CCSは，通常，大規模な技術であると共に，温暖化対策に特化した技術であるため，民間投資のリスクを低減する効果的な枠組み等がなければ民間投資の促進は難しいと考えられる。CCSの技術実証を進め技術確立を図っていくと共に，CCSのコスト低減を着実に図っていくことが必要であり，また，広範な普及を促すような適切な枠組み，制度構築も併せて検討し，導入をはかることが重要と考えられる。

文　　献

1)　山地憲治, エネルギー・環境・経済システム論, 岩波書店（2006）

2) ㈶地球環境産業技術研究機構(RITE), H22年度地球環境国際研究推進事業「脱地球温暖化と持続的発展可能な経済社会実現のための対応戦略の研究」成果報告書(2011)
3) 国際エネルギー機関(IEA), Energy Technology Perspectives 2010, OECD/IEA (2010)

【第一編　CCSの国際動向】

第1章　CCSの政策動向

佐藤真樹[*1]，高木正人[*2]

1　CCSの国際的枠組み（G8とMEF）

　CCSは大気中のCO_2を大量かつ比較的安価に削減できる技術であり，また既存の技術を組み合わせて対応できるため，再生可能エネルギー等が普及するまでのBridging Technologyとして極めて重要であると国際的に認識されている。CO_2削減の国際的な枠組みを図1に示す。CCSはIPCC（気候変動に関する政府間パネル）によるCO_2回収・貯留特別報告書[1]において，温暖化緩和策のキーテクノロジーのひとつとして期待されているが，COP（気候変動枠組条約締約国会議）ではCCSのクリーン開発メカニズム（CDM）としての取り扱いの議論が中心で，政策面・技術開発面での国際的連携は主に主要国首脳会議（G8）を通して行われてきた。しかしながら，温室効果ガスという地球全体の問題は，もはやG8の論議だけでは意味を成さないことから，2009年からは参加国を拡大した「主要経済国フォーラム（MEF）」でも議論が行われるようになっている。以下，時系列的に述べる。

　なお，本章は経済産業省から委託の「平成22年度温暖化対策基盤整備関連調査（二酸化炭素固定化・有効利用技術等調査）」の成果を中心にまとめたものである。

1.1　G8グレンイーグルズ・サミット

　2005年7月にグレンイーグルズ・サミットがイギリスで開催され，グレンイーグルズ行動計画が策定された。CCSに関しては，CO_2貯留技術の開発と商業化を加速するための作業に取り組むことが表明されている。本行動計画でG8は，IEA（国際エネルギー機関）に対し，クリーンかつ競争力のあるエネルギーの未来を目指す代替エネルギーシナリオと戦略に関する助言を求めた。

1.2　G8洞爺湖サミットとIEAエネルギー技術見通し

　2008年の洞爺湖サミットでは，IEAから2050年にCO_2排出量を半減させるシナリオが提出された（図2）[3]。本シナリオでは，CO_2半減のためには2050年段階でベースラインから年間48 Gt CO_2の排出削減が必要で，対策技術毎では省エネが36％，再生可能エネルギーが21％，CCSは

---

*1　Masaki Sato　㈶地球環境産業技術研究機構　研究企画グループ　主幹（現：東北電力㈱）
*2　Masato Takagi　㈶地球環境産業技術研究機構　研究企画グループ　サブリーダー／同機構　東京分室　分室長

第1章　CCSの政策動向

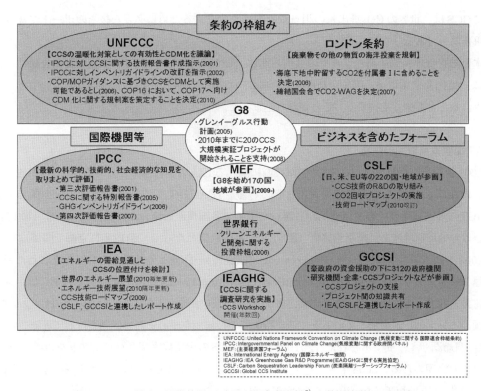

図1　CCSに関する国際枠組み（CCS研究会資料[2]）を基に筆者にて更新）

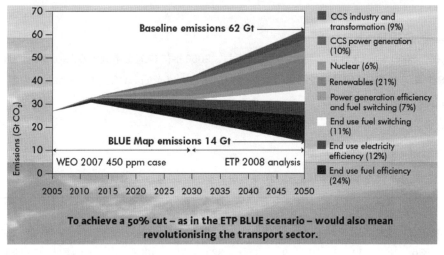

図2　IEAによるCO_2削減シナリオ[3]）

19％寄与することが示されている。また，もしCCS技術が利用できなければ，2050年までにCO_2排出量半減目標を達成するための全体的なコストが70％増加することが示されている。従

11

ってCCSは，世界のCO$_2$排出量の相当量の削減を達成するために必要な技術のポートフォリオの重要部分である。

本報告を受け，洞爺湖サミットの共同声明に，「2020年までにCCSの広範な展開を始めるために，2010年までに途上国を含む世界全体において20の大規模なCCSの実証プロジェクトが開始されることを強く支持する」ことが盛り込まれた。

1.3 国際連携機関の設立

2001年に温室効果ガス（GHG）削減技術に関するIEAの実施協定としてIEAGHGが設立され，現在はCCSを主な調査研究対象としている。IEAGHGはCCSに関する国際会議であるGHGT（温室効果ガス抑制技術国際会議）を隔年で各国機関と協力して開催している（第11回会合は㈶地球環境産業技術研究機構（RITE）が主催機関となって，2012年に京都で開催）。

2003年に米国エネルギー省（Department of Energy：DOE）を事務局として設立された炭素隔離リーダーシップフォーラム（Carbon Sequestration Leadership Forum：CSLF）は，京都議定書を批准していない米・豪や同議定書においてCO$_2$削減義務を負っていない諸国（ブラジル，中国，インド他）が参加しているところが特徴で，技術面を中心とした活動を行ってきた。

G8洞爺湖サミットで示された「2010年までにCCSの大規模実証プロジェクトを20件」という目標の実現のため，2008年，オーストラリア政府を中心にCCSプロジェクトを推進する国際的な組織（Global CCS Institute：GCCSI）が設立された。

現在のCCSに関するG8への提言活動はこれらの機関の連携により行われている。

1.4 IEA CCSロードマップ[4]

IEAは，2009年にCCSロードマップを発表し，2050年にCO$_2$を半減するためには，どの程度のCCSプロジェクトを実施しなければならないか示した（表1）。CCSロードマップの要点を整理すると次の様になる。

表1 CO$_2$削減シナリオ（図2）を実現するために必要なCCSプロジェクト数[4]

	プロジェクト数 2020年	発電CCS数 2020年	プロジェクト数 2050年	CO$_2$貯留量 累積2050年	理論貯留可能量	総投資額 2010-2050
OECD北米	29	17	590	38Gt	～4,650Gt	1130 USD bn
OECD西欧	14	9	320	16Gt	～940Gt	475 USD bn
OECD太平洋	7	2	280	14Gt	～900Gt	530 USD bn
中国・インド	21	6	950	38Gt	～3,020Gt	1170 USD bn
非OECD	29	4	1260	39Gt	～5,990Gt	1765 USD bn
世界（合計）	100	38	3400	145Gt	～15,500Gt	5070 USD bn

（註）OECD太平洋：オーストラリア，日本，ニュージーランド，韓国

第1章　CCSの政策動向

① 削減目標

CCSを世界的に展開して，2050年に年間100億トンを超える排出CO_2を回収し，2010年〜2050年の累積貯留量を約145 Gt CO_2にすることを見込む。このうち，発電部門からの回収は，2050年で5.5 Gt CO_2/年（つまり，CO_2回収総量の55％）であり，産業部門からの回収は，1.7 Gt CO_2/年（16％）である。

② 必要なプロジェクト数

上記の目標達成には，2050年までに世界中で約3,400のプロジェクトが必要になる。このおよそ半分が発電部門である。また，今後10年以内に，約100のプロジェクトが必要なため，現在のCCS展開レベルより大幅に増やしていかねばならない。100のプロジェクトのうち，約38％が発電部門で，62％が産業および上流部門である。

③ 世界の展開シナリオ

2020年までに回収されるCO_2全体の約3分の2は，OECD（経済協力開発機構）加盟国地域における実証および商業規模CCSプロジェクトである。しかし，新興経済圏における発電および産業部門においてCCSが大きく進展していくため，この割合は2050年には，2050年までに貯留される累積CO_2の47％に低下する。中国とインドが，CO_2の累積総量の約26％を占めるようになる。

④ 大規模実証の必要性

2050年までにCCSがより広く展開されるためには，今後10〜20年以内に大規模実証プラントによるCCS技術の実証試験に成功することが不可欠である。これらのプロジェクトの初期展開を，先進国と発展途上国とが分担して行う必要がある。

⑤ 追加コスト

現在から2050年までに展開される約3,400のプロジェクトにかかる追加CCSコストは，2.5兆〜3兆米ドルにのぼるが，これは，2050年にCO_2排出量の半減シナリオの目標を達成するのに必要な低炭素技術への総投資額の約3％にすぎない。2050年までのCCSの追加コストは，年間3,500億〜4,000億米ドルになる。

1.5　G8ラクイラ・サミットとMEFの設立

温室効果ガスという地球全体の問題はもはやG8での議論だけでは意味を成さないことから，2009年のラクイラ・サミットにおいて，参加国を拡大した主要経済国フォーラム（Major Economies Forum：MEF）が設立され，気候に優しい低炭素技術を推進するため，世界的な協力関係を確立するとの合意がなされた。CCSは過渡期のCO_2回収のコストの一部を得ることを目的としたCO_2利用を含めて「炭素回収・利用・貯留（Carbon Capture, Use and Storage：CCUS）」として対象技術にリストアップされている[5]。また，MEF首脳会合に続いて，米国ワシントンDCにおいてクリーン・エネルギー大臣会合が開催され，CCSに関しては，CCUSのアクショングループが立ち上げられた。

1.6 G8ムスコカ・サミット

2010年のカナダでのG8サミットにおいて，IEAはGCCSIの協力のもと，CSLFと共同で，"Carbon Capture and Storage, Progress and Next Steps"と題したレポートを発表した[6]。この中で，洞爺湖サミットで決定された声明（「2010年までにCCSの大規模実証プロジェクトを20件」：前述）の達成状況についての検証がなされている。

2 世界のCCS政策

2.1 政府の財政支援

初めに各国政府のCCSプロジェクトに対する財政支援の状況をまとめた。2010年のG8サミットにIEAが提出した資料[6]によると，2010年4月時点での各国政府の支援金額は表2のように，266億〜361億米ドルに達している。

2.2 法基準類の整備

CCSの本格的な実施のためには，関連法の整備が必要である。オーストラリア，EU，および米国での動きについてまとめた。この他，カナダ，ノルウェーを始めとした多くの国で法制度の検討や従来法の改正作業が開始されている。これらをサポートするために，IEAやGCCSIはCCSの法制化に焦点をあてたプログラムを実施してきた。

① EU

CO_2の地中貯留に関する指令とEUの排出量取引指令がこの地域内でのCCSの法的な枠組みを

表2 各国政府によるCCSへの財政支援[6]

国	予算のコミット	大規模実証プロジェクトのコミット件数
オーストラリア	20〜60億ドル	3〜5
カナダ	35億ドル	〜6
EU*	40〜60億ドル	6〜12
日本	1億ドル	1〜2
ノルウェー	10億ドル	1〜2
韓国	10億ドル	1〜2
イギリス**	110〜145億ドル	4***
米国	40億ドル	5〜10
合計	266〜361億ドル	19〜43

＊）EU-ETSによる3億トンの排出権付与と，ECエネルギー復興パッケージの10億ユーロの補助金を含む。
＊＊）10〜15年の運転資金の支援を含む。
＊＊＊）EUのプロジェクトに対して追加的に実施されるものを計上。
著者注）日本の「予算のコミット」については，単年度の予算であり横並びで比較できるものではない。

第1章　CCSの政策動向

与えており，さらに2011年までに加盟各国に移行することになっている。CCS指令[7]は2009年6月25日より施行された。本指令は，CO_2貯留の許可制度，運用条件，閉鎖後のオペレーターと国の間の責任の移管，財務保証などが規定されている。

② オーストラリア

沖合CCSをカバーするために連邦レベルで，また陸域CCSをカバーするために多くの州でCCSの法制化が進められてきた。Offshore Petroleum Act（OPA：沖合石油法）2006の改正により[8]，沖合での温室効果ガス地中貯留サイト探査へ向けたアクセス権や財産権を規定した。これを受けて2009年，連邦政府は調査方法等についてのガイダンスを示すとともに，探索可能エリアとして10鉱区を開放した。また，ビクトリア州が2008年温室効果ガス地中隔離法を可決して陸域でのCO_2貯留を可能にしている。

③ 米国

EPA（Environmental Protection Agency）は2008年7月に安全飲料水法の地下注入管理（UIC）プログラムに基づき，CO_2の地中貯留の規制案を公表し，法制化の手続きを進めている[9]。これと並行して多くの州でCCSの立法化が実施され，現在までにCCSに関する規制を整備している州は14を超える。

2.3　キャプチャーレディ

火力発電所の寿命は40年にもおよぶため，CO_2の排出量の大きな火力発電所を一旦建設してしまうと長期間CO_2の排出が続けられる，という指摘がある（カーボン・ロックイン）。CCSが技術的，経済的に十分効果的であると将来認められた段階で速やかにCCSに改造することでカーボン・ロックインを防ぎ，またその際の事業者側の高額な改造費用を回避できるよう，前もってCCS導入の環境を備えておくという考え方がキャプチャーレディである（CCSレディ，あるいはCO_2キャプチャーレディ：CCRとも表現される）。キャプチャーレディについては，2007年にIEAGHGがその要求事項の定義づけを試み，2010年にもGCCSIやCSLFとともにその更新を行っている[10]。

法的拘束力をもったものとしては，欧州委員会が2009年のCCS指令[7]の中で，300 MWe以上の新設火力発電所に対してはキャプチャーレディを義務付けることを明文化している。ただしこの指令は，キャプチャーレディの基準について詳細に定めている訳ではない。出力300 MWe以上の燃焼プラントに対して，電力会社の投資判断が可能となる程度の基準がEU加盟国の許認可機関にあればいいという認識である。

EU指令が施行された2009年6月以降に建設計画が出された新設発電所については許認可の際にキャプチャーレディを何らかの形で盛り込むことが決まっており，キャプチャーレディの措置が無いままに許認可がなされた場合，EU裁判所にてペナルティが判断されることになる。EU加盟国は，2011年までにCCSに関する新しい国内法を法制化することを義務付けられている。

3 日本のCCS政策

CCSの研究に関して，わが国では1980年代末から基礎研究が開始され，1995年から2年間の「CO_2の地中貯留・海洋隔離技術に関する先導研究」を経て，1997年から「CO_2の海洋隔離に伴う環境影響予測技術開発」が，また2000年から「CO_2地中貯留技術研究開発」，2002年からは「CO_2炭層固定化技術開発」が開始されている。このようにわが国では世界に先駆けて，CCSの研究開発がなされてきたが，本格的な政策面での動きは2004年になってから開始される。

3.1 技術戦略マップ

経済産業省は2004年から毎年，各種分野の技術戦略を「技術戦略マップ」としてまとめている。現在は31分野に整理され，CCSは「CO_2固定化・有効利用分野」の中に含まれており，技術開発のロードマップ（図3）が示されている[11]。

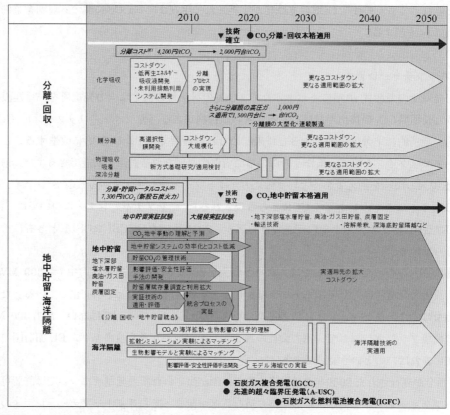

※1 分離回収：新設石炭火力(830MW)、回収量：100万t-CO2/年、7MPaまでの昇圧含む、蒸気は発電所の蒸気システムから抽気 ［コストベース：2001年］
※2 地中貯留：上記分離回収コスト＋パイプライン輸送20km＋圧入（昇圧15MPa、10万t-CO2/年・井戸）［コストベース：2001年］

図3 CCS分野の技術ロードマップ
(経済産業省技術戦略マップ「CO_2固定化・有効利用分野」より抜粋[15])

第1章　CCSの政策動向

3.2　ロンドン条約と海洋汚染防止法

2006年にロンドン条約96年議定書付属書が改訂され,「投棄可能な廃棄物その他の物」として,海底下地層に貯留される「CO_2流」が追加された。これを受け,わが国でも海洋汚染防止法を改正すべく,CO_2海底下地層貯留の利用とその海洋環境への影響防止の在り方について検討が行われ,2007年に「海洋汚染防止等及び海上災害の防止に関する法律の一部を改正する法律」が成立し,わが国における海底下地層へのCO_2貯留のための制度枠組みが整備された[12]。さらに,海底下廃棄できるガスの基準や指定海域については政令,海底下廃棄の許可の詳細については環境省令で定められている。

3.3　Cool Earth-エネルギー革新技術計画

2008年に経済産業省から「Cool Earth-エネルギー革新技術計画」[13]が発表され,CCSを含む21の革新的技術が選定された。本計画では,2020年にCCSの実適用を開始すること,それまでに大幅なコストダウン,貯留ポテンシャルの調査,法整備,および大規模システム実証の必要性が示されている。

3.4　CCS国内実証試験へ向けた取組み

2008年7月に閣議決定された「低炭素社会づくり行動計画」[14]で,CCSについて「分離・回収コストを2015年頃にトン当たり2000円台,2020年代に1000円台に低減することを目指して技術開発を進めるとともに,2009年度以降早期に大規模実証に着手し,2020年までの実用化を目指す。実用化に当たっては,環境影響評価及びモニタリングの高度化,法令等の整備,社会受容性の確保などの課題の解決を図る」ことが盛り込まれた。これを受けて,CCSの調査・実証を行う民間会社「日本CCS調査㈱」が設立され,大規模実証に向けての準備が進められている。

3.5　エネルギー基本計画

2010年に「エネルギー基本計画」[15]が改定され,エネルギー政策の基本である3E（エネルギーセキュリティ,温暖化対策,効率的な供給）に加え,エネルギーを基軸とした経済成長の実現と,エネルギー産業構造改革を新たに追加した。この中で目標実現のための取組みとして,CCSの2020年頃の商用化,今後計画される石炭火力新増設へのCCS Ready導入の検討が盛り込まれている。

なお,政府は2011年3月に発生した東日本大震災を経て,2011年7月現在,エネルギー基本計画やCool Earth-エネルギー革新技術計画の見直しを進めている。

文　　献

1) B. Metz *et al.* (Eds.), "Carbon Dioxide Capture and Storage Special Report of the IPCC", IPCC (2005)
2) 経済産業省CCS研究会,「中間取りまとめ」(2007年10月3日)
3) IEA, "Energy Technology Perspective 2008", IEA (2008) 最新版としては "Energy Technology Perspective 2010"
4) IEA, "Technology Roadmap, Carbon Capture and Storage", IEA (2009)
5) MEF, "Technology Action Plan: Carbon Capture, Use, and Storage", MEF (2009)
6) IEA/CSLF, "Carbon Capture and Storage: Progress and Next Steps IEA/CSLF Report to the Muskoka 2010 G8 Summit", IEA (2010)
7) EUの気候・エネルギー政策パッケージ
   http://europa.eu/rapid/pressReleasesAction.do?reference=IP/08/1998&format=HTML&aged=0&language=EN&guiLanguage=en
8) Offshore Petroleum Act (2006)
   http://www.ret.gov.au/resources/carbon_dioxide_capture_and_geological_storage/Pages/ccs_legislation.aspx
9) 米国のEPA-UICプログラム
   http://www.epa.gov/safewater/uic/wells_sequestration.html
10) IEA Greenhouse Gas R&D Programme, "CO_2 CAPTURE READY PLANTS", IEA (2007)
11) 経済産業省, 技術戦略マップ (2010)
12) 海洋汚染防止法及び海上災害の防止に関する法律の一部を改正する法律, 施行令
13) 経済産業省, Cool Earth-エネルギー革新技術計画 (2008)
14) 環境省, 低炭素社づくり行動計画 (2008)
15) 経済産業省, エネルギー基本計画 (2010)

第2章 CCSのプロジェクト動向

清水淳一[*1], 広田 健[*2]

1 CCSプロジェクトの現状

　IEAのCCSロードマップによると，2050年までにエネルギー由来のCO_2排出量を半減するために，2020年までに100件，2050年までに3,000件以上の大規模CCSプロジェクトの実施が必要であるとしている。このため世界各国は，公的資金支援プログラムを創設し，CCSプロジェクトを推進している。これらの結果，2007年～2010年にかけて，計画中のものも含め世界のCCSプロジェクト総数は，大幅に増加した。

　このように，世界のCCSプロジェクトは，総数では増加しているものの，公的資金が得られているような大規模CCSプロジェクトでも，プロジェクトが進行する段階で，様々な理由により，延期・中止になるものが出てきている。これらの延期・中止の原因を明確にして，大規模CCSプロジェクトの実施数を大幅に増加させることが，今後の課題と考えられる。

　この章では，㈶新エネルギー・産業技術総合開発機構（NEDO）からの委託事業「革新的ゼロエミッション石炭ガス化発電プロジェクト」で実施した「ゼロエミッション石炭火力発電に関するCCS技術等の海外動向調査」結果と，IEA及び主要な公的機関が参考データとしているGCCSIが調査した"The Global Status of CCS：2010"（以下GCCSIレポートという）を元に，CCSプロジェクト動向について概観する。

1.1 CCSプロジェクト数について

　2010年末時点の世界のCCSプロジェクト状況を調査したGCCSIレポートでは，世界のCCSプロジェクト総数を234プロジェクトと報告している。この数は2009年の213プロジェクトから21プロジェクト増加したことになる。また回収から貯留までの一貫プロジェクトは150プロジェクトあり，その中から，実証に向けての大規模なプロジェクト（LSIPs：Large-Scale Integrated projects）として，77プロジェクトを特定している。全234プロジェクトについて，産業部門別および地域別での集計結果を図1に示す。

[*1] Junichi Shimizu ㈶地球環境産業技術研究機構　研究企画グループ　研究支援チーム　主幹
[*2] Takeshi Hirota ㈶地球環境産業技術研究機構　CO_2貯留研究グループ　主任研究員

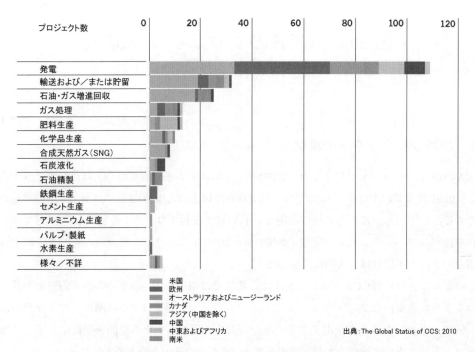

図1　全234プロジェクト（産業部門別および地域別での集計）

1.2 大規模プロジェクト（LSIPs）について

　GCCSIレポートでは，大規模プロジェクトを以下の基準に照らし，77プロジェクトを特定している（表1）。
- 石炭火力発電：年間CO_2排出量100万トンの80％以上を回収・貯留するプロジェクト
- 他の産業施設（天然ガス発電含む）：年間CO_2排出量50万トンの80％以上を回収・貯留するプロジェクト

　この77プロジェクトのうち，運転段階（Operate）を8プロジェクト，実行段階（Execute）を4プロジェクトとしている。運転段階の8プロジェクトについては，2009年から増減はなかったが，実行段階の4プロジェクトについては，2009年から2プロジェクト増加している。これら12プロジェクトのうち，Southern Company IGCCを除く11プロジェクトが，石油およびガス産業に関連している。

　運転段階の8プロジェクトのうち，最も新しいプロジェクトは，2007年ノルウェーのSnøhvitである。また2010年に追加された，実行段階のプロジェクトは，豪州のGorgon Projectおよび米国のSouthern Company IGCCである。Gorgon Projectへの最終投資の決定は，2009年9月に発表され，Southern Company IGCCは2010年に実行段階に入った。Southern Company IGCCは，実行段階に移行する発電部門の最初の一貫した大規模プロジェクトであり，回収技術の大規模実証について重要なマイルストーンを示すものである。

　また，地域別に見ると，米国および欧州でそれぞれ31プロジェクト，21プロジェクトであり

第2章　CCSのプロジェクト動向

表1　大規模プロジェクト（LSIPs）

LSIP NO. 2010	プロジェクト名	国	州・地区	排出源（施設概要）	回収タイプ	輸送タイプ	貯留タイプ
Identify（10プロジェクト）							
1	Chemical Plant, Yulin	中国	山西省	石炭液化プラント	燃焼前	パイプライン	陸域
2	CO_2 Global-Project Viking	米国	ニューメキシコ州	合成燃料油による150MWの酸素燃焼	酸素燃焼	48.3km パイプライン	陸域EOR
3	Coolimba Power Project	豪州	西オーストラリア州	2×200MWまたは3×150MWの石炭火力発電プラント（CFB）	燃焼後	20～80km パイプライン	陸域枯渇油層・ガス層
4	FutureGen 2.0	米国	イリノイ州	200MW石炭火力発電プラント（酸素燃焼）	酸素燃焼	パイプライン	陸域
5	Good Spring IGCC	米国	ペンシルバニア州	270MW石炭火力発電プラント（IGCC）	燃焼前	パイプライン	陸域EOR及び深部塩水層
6	Immingham Carbon Capture and Storage Project	英国	イングランド, リンカンシャー	石油精製所の800～1200MW混焼IGCC発電プラント	燃焼前	300km パイプライン	海域
7	Kedzierzyn Polygeneration Power Plant	ポーランド	オポーレ県	300MWポリジェネレーション発電プラント	燃焼前	パイプライン	陸域深部塩水層
8	Korea-CCS2	韓国		300MW石炭火力発電プラント（酸素燃焼またはIGCC）	酸素燃焼または燃焼前	パイプライン＋800km船舶	海域深部塩水層
9	North East CCS Cluster	英国	イングランド, ティーサイド	850MW石炭火力発電プラント（IGCC）及び420MW（石炭／バイオマス）火力発電プラント	燃焼前	225km パイプライン	海域深部塩水層
10	Shenhua Ph 2	中国	内モンゴル	石炭液化プラント	燃焼前	30～100km 輸送方法不詳	深部塩水層
Evaluate（28プロジェクト）							
11	Boise White Paper Mill	米国	ワシントン州	パルプ・製紙工場	燃焼後	不詳	玄武岩層
12	Bow City	カナダ	アルバータ州	1000MW石炭火力発電プラント	燃焼後	6～30km パイプライン	陸域EOR
13	Browse LNG	豪州	西オーストラリア州	液化天然ガスプラント	ガス処理	パイプライン	深部塩水層または枯渇油層・ガス層
14	Cash Creek	米国	ケンタッキー州	630MW石炭火力発電プラント（IGCC）	燃焼前	パイプライン	陸域EOR
15	CEMEX CO_2 Capture Plant	米国		セメントプラント	燃焼後	パイプライン	不詳
16	Faustina Hydrogen	米国	ルイジアナ州	石炭液化プラント	燃焼前	パイプライン	陸域EOR
17	Freeport Gasification	米国	テキサス州	ペットコークスSNG化プラント（余剰蒸気による400MWの発電）	燃焼前	パイプライン	陸域EOR
18	South Heart IGCC	米国	ノースダコタ州	175MW褐炭火力発電プラント（IGCC）	燃焼前	パイプライン	陸域EOR
19	GreenGen	中国	天津市	1×400MW（第Ⅲ期）石炭火力発電プラント（IGCC）	燃焼前	パイプライン	陸域EOR
20	Hatfield	英国	イングランド, サウスヨークシャー	2×450MW石炭火力発電プラント（IGCC）	燃焼前	175km パイプライン	海域深部塩水層または枯渇油層・ガス層
21	Hunterston Power APL	英国	スコットランド, ノースエアシャイア	2×926MW混焼（石炭／バイオマス）火力発電プラント	燃焼後	パイプライン	海域枯渇油層・ガス層
22	Indiana Gasification	米国	インディアナ州	石炭SNG化プラント	燃焼前	7.2km パイプライン	陸域EOR
23	Korea-CCS1	韓国		300MW石炭火力発電プラント	燃焼後	パイプライン＋250km船舶	海域深部塩水層
24	Leucadia Mississippi	米国	ミシシッピー州	ペットコークスSNG化プラント	燃焼前	176km パイプライン	陸域EOR
25	Mongstad CCS (full scale)	ノルウェー	ホルダラン県	天然ガスコンバインドプラント 熱供給350MW／発電280MW	燃焼後	パイプライン	海域深部塩水層
26	Peterhead	英国	スコットランド, アバディーンシャー	400MWガス火力発電プラント	燃焼後	パイプライン	海域
27	Romanian CCS Demo	ルーマニア	オルテニア地方	330MW褐炭火力発電プラント	燃焼後	20～50km パイプライン	陸域深部塩水層

CCS技術の新展開

表1 大規模プロジェクト（LSIPs）（つづき）

LSIP NO. 2010	プロジェクト名	国	州・地区	排出源（施設概要）	回収タイプ	輸送タイプ	貯留タイプ
28	Rotterdam CCS Network	オランダ	ロッテルダム市	様々な設備から回収を行う	様々	25～150km船舶輸送または一般輸送業者パイプライン	海域枯渇油層・ガス層
29	SCS Energy PurGen One	米国	ニュージャージー州	500MW石炭火力発電プラント（IGCC）	燃焼前	160kmパイプライン	海域深部塩水層
30	Shell CO_2	米国	ルイジアナ州	様々な設備から回収を行う	様々	パイプライン	陸域深部塩水層
31	Southland CTF Project	ニュージーランド	サウスランド地方	石炭肥料化プラント	燃焼前	100kmパイプライン	陸域深部塩水層
32	Spectra Fort Nelson	カナダ	ブリティッシュコロンビア州	天然ガス処理プラント	ガス処理	30kmパイプライン	陸域深部塩水層
33	Swan Hills	カナダ	アルバータ州	300MWコンバインドサイクル発電プラント	燃焼前	パイプライン	陸域EOR
34	Sweeny Gasification	米国	テキサス州	680MWペットコークス火力発電プラント（IGCC）	燃焼前	パイプライン	陸域EOR
35	Taylorville IGCC	米国	イリノイ州	716MW石炭火力発電プラント（IGCC）	燃焼前	パイプライン	陸域EOR
36	The Collie Hub	豪州	西オーストラリア州	様々な設備から回収を行う	燃焼前及び燃焼後	80kmパイプライン	陸域深部塩水層
37	Victorian CarbonNet	豪州	ビクトリア州	様々な設備から回収を行う	様々	80～150kmパイプライン	沿岸深部塩水層
38	Wandoan Power	豪州	クイーンズランド州	400MW石炭火力発電プラント（IGCC）	燃焼前	10～180kmパイプライン	陸域または深部塩水層
Define（27プロジェクト）							
39	AEP Mountaineer 235-MWe CO_2 Capture	米国	ウエストバージニア州	1300MW石炭火力発電プラントからの235MWの分岐	燃焼後	＜30kmパイプライン	陸域深部塩水層
40	Air Liquide	オランダ	ロッテルダム市	水素生産	燃焼前	船舶	海域EOR
41	Air Products Project	米国	テキサス州	石油精製所での水素生産	燃焼前	パイプライン	陸域EOR
42	ADM Company Illinois Industrial CCS	米国	イリノイ州	エタノールプラント	ガス処理	1.6kmパイプライン	陸域深部塩水層
43	Belchatow	ポーランド	ウッチ県	858MW褐炭火力発電プラントでの260MW相当	燃焼後	61～140kmパイプライン	陸域深部塩水層
44	SaskPower Boundary Dam	カナダ	サスカチュワン州	115MW石炭火力発電プラント	燃焼後	＜100kmパイプライン	EOR
45	Coffeyville Gasification Plant	米国	カンザス州	肥料プラント	燃焼前	パイプライン	EOR
46	Dongguan	中国	広東省	800MW石炭火力発電プラント（IGCC）	燃焼前	100kmパイプライン	海域枯渇油層・ガス層
47	Eemshaven Nuon Magnum	オランダ	フローニンゲン州	1200MW混焼火力発電プラント（IGCC）	燃焼前	パイプライン	枯渇油層・ガス層
48	Entergy Nelson 6 CCS Project	米国	ルイジアナ州	585MW石炭火力発電プラント	燃焼後	＜160kmパイプライン	陸域EOR
49	HECA	米国	カリフォルニア州	250MW昆焼火力発電プラント（IGCC）	燃焼前	6.4kmパイプライン	陸域EOR
50	HPAD	アラブ首長国	西部地区	400MW水素発電プラント	燃焼前	パイプライン	陸域EOR
51	Lake Charles Gasification	米国	ルイジアナ州	ペットコークスSNG化プラント	燃焼前	19.2kmパイプライン	陸域EOR
52	Lianyungang	中国	江蘇省	1200MW石炭火力発電プラント（IGCC）及び2×1300MW石炭火力発電プラント	燃焼前及び燃焼後	100kmパイプライン	陸域深部塩水層

第2章　CCSのプロジェクト動向

表1　大規模プロジェクト（LSIPs）（つづき）

LSIP NO. 2010	プロジェクト名	国	州・地区	排出源（施設概要）	回収タイプ	輸送タイプ	貯留タイプ
53	Longannet	英国	スコットランド,ファイフ	2×600MW石炭火力発電プラント	燃焼後	パイプライン	海域枯渇油層・ガス層
54	Lost Cabin Capture Project	米国	ワイオミング州	天然ガス処理プラント	ガス処理	370km パイプライン	陸域EOR
55	Masdar CCS Project	アラブ首長国		発電，アルミニウムプラント，鉄鋼プラント	燃焼後	490km パイプライン	陸域EOR
56	Porto Tolle	イタリア	ロヴィーゴ県	264MW石炭火力発電プラント	燃焼後	100km パイプライン	海域深部塩水層
57	Quest CCS Project	カナダ	アルバータ州	水素生産	燃焼前	80km パイプライン	陸域深部塩水層
58	ROAD	オランダ	ロッテルダム市	1070MW（石炭／バイオマス）火力発電プラントにおける250MW相当	燃焼後	25km パイプライン	海域枯渇油層・ガス層
59	RWE Eemshaven	オランダ	フローニンゲン州	780MW石炭火力発電プラント	燃焼後	80km パイプライン	枯渇油層・ガス層
60	Texas Clean Energy Project (NowGen)	米国	テキサス州	400MW石炭火力発電プラント（IGCC／ポリジェネレーション）	燃焼前	132km パイプライン	陸域EOR
61	Tenaska Trailblazer	米国	テキサス州	600MW石炭火力発電プラント	燃焼後	パイプライン	陸域EOR
62	The Compostilla Project	スペイン	レオン県	322MW（第2期）石炭火力発電プラント（酸素燃焼）	酸素燃焼	150km パイプライン	陸域深部塩水層
63	Transalta Project Pioneer	カナダ	アルバータ州	450MW石炭火力発電プラント	燃焼後	50km パイプライン	陸域EOR及び深部塩水層
64	ULCOS Florange	フランス	ローレンヌ地方	鉄鋼プラント	燃焼後	100km パイプライン	陸域深部塩水層
65	Vattenfall Jänschwalde	ドイツ	ブランデンブルク州	250MW褐炭火力発電プラント（酸素燃焼）及び50MW褐炭火力発電プラント	酸素燃焼及び燃焼後	60～300km パイプライン	陸域深部塩水層
Execute（4プロジェクト）							
66	Enhance Energy EOR Project	カナダ	アルバータ州	石油精製所での肥料生産及び水素生産	燃焼前	240km パイプライン	陸域EOR
67	Gorgon Project	豪州	西オーストラリア州	液化天然ガス処理プラント	ガス処理	10km パイプライン	陸域深部塩水層
68	Occidental Gas Processing Plant	米国	テキサス州	天然ガス処理プラント	ガス処理	256km パイプライン	陸域EOR
69	Southern Company IGCC	米国	ミシシッピー州	582MW石炭火力発電プラント（IGCC）	燃焼前	97.6km パイプライン	陸域EOR
Operate（8プロジェクト）							
70	Enid Fertilizer	米国	オクラホマ州	肥料プラント	燃焼前	192km パイプライン	陸域EOR
71	In Salah	アルジェリア	ワルグラ県	天然ガス処理プラント	ガス処理	14km パイプライン	陸域深部塩水層
72	Rangely	米国	コロラド州	天然ガス処理プラント	ガス処理	285km パイプライン	陸域EOR
73	Salt Creek EOR	米国	ワイオミング州	天然ガス処理プラント	ガス処理	201km パイプライン	陸域EOR
74	Sharon Ridge	米国	テキサス州	天然ガス処理プラント	ガス処理	パイプライン	陸域EOR
75	Sleipner	ノルウェー	北海	天然ガス処理プラットフォーム	ガス処理	回収と同じ場所に貯留	海域深部塩水層
76	Snøhvit	ノルウェー	北海	液化天然ガスプラント	ガス処理	154km パイプライン	海域深部塩水層
77	Weyburn-Midale Storage Project	カナダ	サスカチュワン州	SNGを含む合成燃料プラント	燃焼前	330km パイプライン	陸域EOR

出典：The Global Status of CCS：2010

表2 大規模実証プロジェクトに対する各国の主要な公的資金支援プログラム

国	公的資金支援プログラム	提供資金額
米国	Clean Coal Power Initiative	US＄1.7bn
	FutureGen	US＄1.0bn
	Industrial Carbon Capture and Storage	US＄1.43bn
	Power Sector and Industrial Gasification Tax Credits	US＄3.15bn
	Carbon Sequestration Tax Credit	US＄1.0bn
EU	European Energy Programme for Recovery	€1bn (US＄1.3bn)
	NER300 Program	€2-2.3bn8 (US＄2.7-3.1bn)
英国	CCS Demonstration Competition	GBP£1bn (US＄1.6bn)
	CCS Electricity Levy (Second Phase of CCS Demonstration Competition)	GBP£5.6-7.1bn (US＄8.8-11.2bn)
オランダ	Government Subsidy for ROAD project	€150m (US＄198.9m)
ノルウェー	Test Centre Mongstad & full scale CCS project	US＄1bn
カナダ	Clean Energy Fund	CAD＄610m (US＄603m)
	Alberta CCS Fund	CAD＄2bn (US＄2bn)
	SaskPower Boundary Dam Project	CAD＄240m (US＄237.3m)
豪州	CCS Flagships Program	AU＄1.8bn (US＄1.8bn)
韓国	CCS Test Programme	US＄648.4m

出典：The Global Status of CCS：2010

全体の68％を占める。これにカナダ8プロジェクト，豪州6プロジェクト，中国5プロジェクトが続いている。なお，2010年時点で日本，インド，ロシアの主要排出国からGCCSIの大規模プロジェクトに特定されているCCSプロジェクトはない。

1.3 大規模プロジェクトへの主要公的資金支援プログラムについて

大規模プロジェクトは，政府の資金提供，支援に支えられ，多様な計画段階を経て前進している。公的資金支援には，直接的支援（助成金等）と間接的支援（電力買付契約等）がある。各国の主要な公的資金プログラムについて，表2に示す。

1.3.1 各国の公的資金プログラムの概要

米国はCCSプロジェクトに対する公的資金プログラムで世界をリードしており，2005年以降，米国政府は単独でCCSに直接的支援を提供するプログラムにUS＄90億近くを投入してきた。またいくつかの州政府もCCSのようなクリーンエネルギー技術に対する公的財政支援を含むプログラムを制定している。例えばイリノイ州政府では3つのFEED研究にUS＄30.5百万を提供

第2章　CCSのプロジェクト動向

し，テキサス州では税制控除が可能となっている。

　欧州では，大規模プロジェクトを直接的に支援する主要な2つの公的資金プログラムがある。European Energy Programme for Recovery（EEPR）のための選定は2009年12月に完了し，6件のプロジェクトに総額で，€10億（US＄13億）の資金提供がなされた。また，NER300 Programでは，二酸化炭素回収・貯蔵（CSS）技術に関連した8件以上のプロジェクトおよび革新的再生可能エネルギー技術に関連した34件以上のプロジェクトに対し，大規模な資金援助を行う。

　英国では，2007年にCCS Demonstration Competitionを実施した。目的としては，英国の商業用規模の火力発電所において，世界市場に移転可能なCCS技術を実証することとしており，当初は2009年半ばに採択プロジェクトが決定し，2014年までに運転開始をする計画であった。対象プロジェクトは，300 MW以上の石炭火力発電所において燃焼後回収のみとされている。2010年時点で最終的に候補として残った2件は，Scottish Power社によるLongannet Power Stationと，E.ON社によるKingsnorth Demo Plantであったが，2010年10月にE.ON社は，需給見通しが鈍化すると予測したためCCS Demonstration Competitionからの撤退を表明している。

　カナダでは，大規模実証プロジェクトへの公的資金プログラムのほとんどは，アルバータ州の4件のプロジェクトに総額でUS＄25億が提供されている。追加資金としてCDN＄2.4億がサスカチュアン州のSaskPower Boundary Dam projectに割り当てられている。

　ノルウェーは，炭素回収技術を奨励する財政的インセンティブの提供に積極的で，早くも1998年には炭素税を導入している。この炭素税の導入はCCSを奨励し，Sleipner Projectを促進させてきた。また，2010年の国家予算では，およそUS＄1.2億が，Mongstad full-scale CCS projectに，US＄3億がTechnology Centre Mongstad（TCM）に拠出された。2011年の国家予算では，さらにUS＄1.2億がMongstad full-scale CCS projectに，またUS＄1.46億がTCMに拠出される。

　豪州のCCS Flagships Programでは，2009年12月時点で，以下の4プロジェクトが，予備的実行可能性調査のための最終候補リストに残った。Victorian CarbonNet（ビクトリア州），Collie Hub Project（西オーストラリア州），Wandoan Project（クィーンズランド州），ZeroGen（クィーンズランド州）。なお，2010年12月クィーンズランド州政府は，ZeroGenは経済的に成立しないとして，もはや大規模実証プロジェクトと見なされないことを発表した。

1.4　CCSプロジェクトキャンセル／遅延の要因について

　GCCSIレポートで除かれたプロジェクトや，2011年2月時点で既に中止や見直しの要因が判明している14プロジェクトについて，キャンセル／遅延の要因を表3にまとめた。

　各プロジェクトのキャンセル／遅延の要因を大別すると，①プロジェクトの経済性，②PA／PI（Public Acceptance／Public Involvement）の問題・失敗，③事業者の戦略，④政策の問題，

表3 主要な中止・見直しプロジェクトとその要因（まとめ）

国	プロジェクト（斜字は事業主体）	回収	燃料	補助	ステータス	キャンセル見直しの要因
イギリス	Kingsnorth *E.ON*	Post	Coal	UK Compe	コンペ辞退	景気低迷による電力需要減少見通し
	Perterhead *BP*	Post	Coal	UK Compe	中止	コンペのスケジュール遅れによるコスト負担増
	Hunterson *Peel Power（RWE） Dong Energy*	Post	Coal	UK Compe	中止	金融危機に伴う実施主体の財務状況悪化，電力需要減少見通し
	Tilbury *RWE*	Post	Coal	—	ガス火力への転換 CCS中止	石炭のガスに対する相対的な魅力度低下 CCSの他プロジェクトでの実施
その他欧州	Nordjyllandsvaerket *Vattenfall*	Post	Coal	—	CCS化の凍結	バイオマス混焼によるCO$_2$排出削減に転換
	Draugen *Statoil*	Post	Gas	—	中止	FSの結果，商業的に成立しないことが判明
	Goldenbergwerk *RWE*	Pre	Coal	—	遅延	陸域の長距離CO$_2$パイプライン，IGCCの急なスケールアップに対し，住民が反対
	Barendrecht *Shell*	Post	石油精製	—	中止	貯留サイトが人口の多い陸域にあり，住民が反対
北米	FutureGen *FGA*	Pre	Coal	DOE	計画変更	当初想定よりコストの増大
	Boundary Dam *Sask Power*	Oxy	Coal	—	計画変更	当初想定よりコストの増大
	Barry *Southern Company*	Post	Coal	DOE（CCPI）	中止	政府支援のタイトなスケジュール
	Antelope Valley *Basin Electric*	Post	Coal	DOE（CCPI）	凍結	経済環境の悪化
豪州	Kwinana（DF3） *BP*	Pre	Coal	—	中止	貯留サイトの不適切さが判明
	ZeroGen *ZeroGen Co*	Pre	Coal	Flagship	中止	経済的に成立しないため

出典：RITE報告書

⑤技術の難しさ，の5つが上げられる．このようにキャンセル／遅延の要因については多様であるものの，イギリスのKingthnorthのように，政府からの豊富な資金支援が想定されていても，中止になる可能性がある，というのは注目しておくことが必要である．

2　海外CCSプロジェクト

　大規模プロジェクトのうち，運転段階，実行段階にあるプロジェクトを中心にプロジェクトの概要を紹介する．

第2章　CCSのプロジェクト動向

2.1　運転段階にあるプロジェクト

① Sleipner

1996年から圧入開始。事業主体はStatoil。北海の沖合Sleipnerガス田から発生する天然ガスを分離回収し，年間100万トンのCO_2を天然ガス田近傍のUtsira深部塩水層（深度1,000m）に圧入。tCO_2あたりUS＄55の炭素税がかかるため，それより経済的と判断。貯留ポテンシャルは6,000億トンあり，天然ガスの採取終了後もCO_2受け入れを続ける予定。

② In Salah

2004年8月から圧入開始。事業主体はSonatrach（アルジェリアの天然ガス会社），BP，Statoil。貯留層はサハラ砂漠の天然ガス採取サイトの近傍のKrechba深部塩水層（深度1,800m）。圧入量は100万トン/年。1,700万トンのCO_2を貯留する計画。

③ Snøhvit

2008年圧入開始。ヨーロッパ初のLNGプラントからCO_2を分離回収。事業主体はStatoil社。Barents海の沖合Snøhvitガス田から天然ガスとCO_2を採取し，Hammerfest付近LNGプラントに160kmの海底パイプラインで輸送し，CO_2を分離してLNGを製造。分離回収した70万トン/年のCO_2はパイプラインで沖合プラットフォームに戻り，天然ガス層より下の深度2,600mのTubasen砂層に圧入。

④ Rangley

1986年からCO_2をEOR用に利用。Rangely Weber Sand Unitはロッキー山脈地域の最大の油田で1933年に発見された。ガスは分離されワイオミングのLaBargeフィールドからのCO_2とともに再圧入されている。1986年から最大225百万トンのCO_2が貯留層に貯留された。コンピューターシミュレーションによるとほとんどすべてがCO_2溶液や炭酸水素塩として地層水に溶解している。

⑤ Weyburn Midale

年間約2.8百万トンのCO_2がノースダコタのthe Great Plains Synfuels Plantの石炭ガス化プラントで回収され，320kmのパイプラインで国境を越えてカナダ，サスカチュアン州に輸送され，EORのために枯渇油田に圧入される。商業プロジェクトであるが，世界の研究者によって圧入されたCO_2のモニタリングがなされてきた。IEA Greenhouse Gas R&D ProgrammeのWeyburn-Midale CO_2 Monitoring and Storage ProjectはCO_2の地下の挙動を科学的に研究しモニターする最初のプロジェクトであった。カナダの石油工学研究センターが運営。現在，第二フェーズ（2007-2011）。

2.2　実行段階にあるプロジェクト

① Gorgon

2009年9月に事業承認。Chevron，ExxonMobil，Shellの3社が事業主体である。豪州北西部沖約130kmに位置する天然ガス田であり，埋蔵量はLNG換算で約40兆立方フィートと世界最

大規模で，最低40年の経済的耐用年数を持つ。年間生産量1,500万トンを見込み，2014年に輸出を開始する予定。Gorgonの天然ガス中には，CO_2が約14 mol％含まれており，ガスを液化する前に除去する必要がある。除去したCO_2は，Barrow島北端下の2,000m以深のDupuy塩水層に圧入される予定である。2016年から圧入を開始する予定で，40年間で約1億2千万トンを貯留する計画であり，CCSのグローバルリーダーを目指している（図2）。

② Southern Company IGCC

2010年5月に投資が最終決定し，実行段階に移行した。ミシシッピー州ケンパー群に建設する新設のIGCCによる石炭火力発電所（燃焼前回収）。事業主体は，Mississippi Power

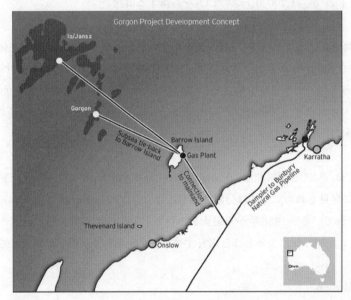

図2　Gorgon Project 概要
出典：Chevronホームページより

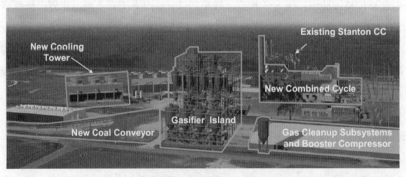

図3　Southern Company IGCC Project 概要
出典：RITE報告書

第2章　CCSのプロジェクト動向

(Southern Companyの子会社)。燃料は褐炭で出力は582 MW，年間250万トンのCO_2を回収する計画。回収したCO_2は陸域でのEORのためパイプラインで輸送される。建設は2010年6月に開始され，2014年に運転開始を計画。公的資金であるClean Coal Power Initiative-IIからUS＄270万の資金提供を受けた(図3)。

文　　　献

1) GCCSI, The Global Status of CCS : 2010
2) RITE報告書，平成22年度ゼロエミッション石炭火力発電に関するCCS技術等の海外動向調査(IZEC)

【第二編　CO_2回収技術】

第3章　分離回収 —全体観と今後の展望—

風間伸吾*

1　はじめに

　二酸化炭素（CO_2）回収・貯留（CCS）において，化石燃料の使用で放出されるCO_2を回収することが最初の工程となる。国内のCO_2排出量は2008年のデータで12億1,400万トンであり，部門別の直接排出量の割合は，エネルギー転換部門が34.0％，産業部門が28.0％，運輸部門が18.8％，民生部門（業務，家庭）が13.0％，その他が6.2％である。これらのCO_2排出源は，火力発電所，製鉄所高炉，セメントプラント，化学工業プラント等の大規模な固定発生源から，事務所，家庭のような小規模固定発生源，更にトラック，自家用車のような移動体と多岐に亘っている。これらの発生源からのCO_2回収を考えると，大規模な固定発生源からのCO_2回収がエネルギーとコストの両面で有利である。従い，CCSにおけるCO_2回収は，火力発電所，製鉄所高炉，セメントプラント，化学工業プラント等の大規模固定発生源が対象となり，国内CO_2排出量の50％程度が対象となる。加えて，今後はCO_2排出係数が小さい天然ガスへの燃料転換が行われることを考えると，東南アジア等に多いCO_2濃度が30％以上の劣質な天然ガス田でのCCSが重要になる。

　CCSを普及するためには解決すべき課題は幾つかあるが，その中のひとつにCCSコストの削減がある。RITEの試算によると，新設石炭火力発電所からアミン吸収法を用いてCO_2を回収して帯水層に貯留するためのコストは，CO_2が1トン当たり約7,300円である[1]。この中でCO_2回収コストは全体の6割程度を占めている。CCSコストの削減にはCO_2回収コストの大幅な削減が必要である。このような状況を受けて，経済産業省はCO_2回収コストの大幅削減を可能とする革新的な技術開発に力を注いでいる。CO_2固定化・有効利用分野のロードマップでは，2015年に化学吸収法で2,000円台/t-CO_2の技術を確立する計画である。また，化学吸収法に変わる新しいCO_2回収技術である膜分離法等で圧力ガスから2015年に1,500円/t-CO_2の技術を確立して，更に1,000円台/t-CO_2の技術を目指す計画である[2]。

　以下に，CO_2回収技術の開発動向と今後の展望を述べる。

＊　Shingo Kazama　㈶地球環境産業技術研究機構　化学研究グループ　グループリーダー・主席研究員

2　二酸化炭素（CO_2）の物性

本論に入る前にCO_2の物性を考える。CO_2の分離では，他の気体と異なるCO_2の性質を有効に利用することになる。CO_2の代表的な物性を以下に示す[4]。

モル質量：44.01 g/mol

密度：0.001977 g/cm^3（気体，1 atm，0℃）

沸点：－78.5℃，194.7 K（760 mmHg，昇華）

酸解離定数：(pK_a)：6.35

双極子モーメント：0D（直線型分子（O＝C＝O））

動力学直径：0.33 nm（参考：H_2＝0.289 nm，O_2＝0.346 nm，N_2＝0.364 nm）

CO_2は，酸解離定数（pK_a）が6.35の酸性物質である。そのため塩基性物質と化学反応を起こして塩を形成する。例えば，アミン化合物と反応して，炭酸水素イオン，カルバメートイオンを形成する。化学吸収法ではこの性質を利用して高濃度のCO_2を回収する。CO_2は双極子モーメントが0Dの直線型分子であるが，炭素原子と酸素原子の間で分極して微小電荷が炭素原子（$C^{\delta+}$）と酸素原子（$O^{\delta-}$）に存在する。このCO_2の微小電荷が分離材料の微小電荷と相互作用を有すると物理的な親和性が高まる。物理吸収，吸着，膜分離等ではこの性質を利用してCO_2と他のガスを分離する。以上を総括すると，CO_2は他のガスに比較して，分離材料に対して付き易く，そして反応し易い気体と言える。別の見方をすれば，CO_2を分離材料から離すために多くのエネルギーを要することになる。低コスト，低エネルギーでCO_2を回収する材料の開発とは，CO_2と分離材料の付き易さ・反応のし易さを分子レベルで制御することである。

3　CO_2発生源と回収の最適な組合せ

化石燃料の使用で排出されるCO_2を高濃度で回収する方法は，①燃焼後回収（post combustion），②燃焼前回収（pre combustion），③酸素燃焼（oxyfuel）の3つに大別される[5]。燃焼後回収は，化石燃料を燃焼した後にCO_2を回収するプロセスである。燃焼前回収は，化石燃料からCO_2と水素を製造して，CO_2を回収した後に水素をクリーンな燃料として用いるプロセスである。一方で，酸素燃焼は，化石燃料の燃焼に酸素を用いることで，燃焼排ガス中への窒素の混在を無くして回収CO_2濃度を高めるプロセスである。図1に，各種CO_2排出源と分離方法を示す。

図に大規模なCO_2排出源として火力発電所，製鉄所高炉，セメントプラント，化学プラントを示す。これらで国内CO_2排出量の50％程度を占めている。加えて，図に天然ガス田を示した。今後，CO_2排出係数が少ない天然ガスへのシフトで劣質天然ガス田の開発ニーズが高まると考える。これらのプラントでは性状が異なるガスが放出される。例えば，既存の火力発電所では大気圧の燃焼排ガスが放出されるが，用いる燃料の違いで燃焼排ガス中のCO_2濃度が3～15 vol％の

第3章　分離回収 —全体観と今後の展望—

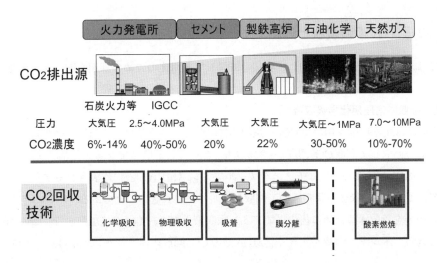

図1　CO_2排出源とCO_2回収技術

幅があり，石炭火力で12～15 vol％，LNGでは3～8 vol％である。次世代型の発電プラントである石炭ガス化複合発電（IGCC）では水性ガスシフト反応後のガスは圧力が2.5～4.0 MPaと高く，CO_2濃度も酸素吹きの場合は約40 vol％と高い。製鉄所高炉では，塔頂発電後のガスはほぼ大気圧であり，CO_2濃度は約22 vol％と石炭焚き火力発電よりも高い。加えてイオウ酸化物等の微量成分も用いる化石燃料により異なる。

　分離方法は分離機構の違いで，CO_2との化学反応を用いる方法と物理的な親和性を利用する方法，更にその両方を用いる方法がある。化学反応を用いる化学吸収法は大気圧のガスからのCO_2分離を最も得意としている。一方で，CO_2の物理的な親和性を利用する物理吸収法，吸着法は，圧力を有するガス源からのCO_2回収に有利に用いる。膜分離法では，ガス透過の駆動力が圧力差であることから高圧ガスの分離に有利に用いることができる。図にはないが，CO_2が気体分子の中で高い沸点を有することを利用する方法が深冷分離法である。深冷分離法は他の方法との組合せで回収CO_2の高濃度化，不純物除去に用いられ，液体CO_2を得られることが特徴である。直接のCO_2回収技術ではないが，高濃度のCO_2を得る方法として空気の代わりに酸素を用いる酸素燃焼がある。

　技術レベルは，化学吸収法と物理吸収法で完成度が高い。一方で，膜分離法は研究開発段階にあり，今後の開発でCO_2回収コストの大幅な削減を実現する可能性を有する。

　CCSのCO_2回収では「安価・安全・安定」な回収技術が必要である。しかし，全てのCO_2排出源に対して「安価・安全・安定」を満足する唯一の技術は存在せず，燃焼プロセスや排ガスの性状に応じて最適なCO_2回収方法を選択することが必要となる。

4 CO_2回収技術の現状と課題

以下では，各種CO_2回収法に関して現状を概説して実用化のための課題を明らかにする。

4.1 化学吸収：常圧用化学吸収液

化学吸収法は化学反応を用いてCO_2を選択的に吸収させる方法で，大気圧の燃焼排ガスから効率良くCO_2を回収して回収CO_2濃度が99％以上と高いことが特徴である。化学吸収液としては，炭酸カリK_2CO_3水溶液，或いはモノエタノールアミン（MEA）液に代表されるアミン液が商用化されている。化学吸収法の課題はCO_2回収エネルギーが大きいことである。アミン吸収法では，吸収したCO_2を放散するために再生塔でアミン吸収液を120～140℃に加熱する。この加熱に用いる水蒸気のエネルギー消費が大きく，MEA液のCO_2回収エネルギーは4.0 GJ/t-CO_2程度である[2]。

低エネルギー消費，低コスト化を目指した新吸収液とプロセスの開発が進められており，最近の学会報告では2.7 GJ/t-CO_2前後の値が報告されている。関西電力と三菱重工業が共同で開発したKS液プロセスは300 t-CO_2/日規模での実績があり，CO_2回収コストは3,000円台/t-CO_2と試算されている[1]。また，地球環境産業技術研究機構（RITE），新日本製鐵，東京大学が共同開発したアミン液を用いて新日鉄エンジニアリングが実施した30 t-CO_2/日の高炉ガス実プラント試験がある。ここでの開発目標は回収エネルギーが2.0 GJ/t-CO_2である[6]。

欧州ではCASTORプロジェクトが分離回収エネルギー目標2 GJ/t-CO_2，コスト20～30ユーロ/t-CO_2を設定して研究開発を進めている[7]。吸収液にアンモニアを用いるチルドアンモニア法があり，米国AEPでパイロットプラントが稼働している。

4.2 化学吸収：高圧用吸収液

高圧ガスからのCO_2回収を目的としたアミン液としてaMDEA液があり，天然ガスからのCO_2分離で100万t-CO_2/年規模の実績を有し，CO_2回収コストは3,000～4,000円/t-CO_2である[2]。MDEA単独ではCO_2分圧とCO_2吸収量がほぼ比例関係にある物理吸収液の挙動を取るが，MDEAに添加剤を加えることで低圧でのCO_2吸収量の立ち上がりが大きい化学吸収液の挙動を示すようになる。化学吸収液の性質を付与することで，CO_2分圧が1 MPa以下で吸収量と速度が増えて吸収塔がコンパクトとなるが，一方で，圧力を下げてフラッシングをした際のCO_2回収量が減り，再生塔で加熱でCO_2を放出させるプロセスの負担が大きくなる。化学吸収と物理吸収の性質のバランスは，CO_2源に合わせて最適化することが必要となる。

低エネルギー，低コスト化を目的とした高圧用吸収液が開発されている。RITEが開発した高圧用アミン系吸収液は，MDEA液に比較して回収エネルギーを20％程度削減する。更に，吸収したCO_2を高圧の状態で回収することでCO_2の昇圧を含めたエネルギーを削減することが可能となる。日揮は，天然ガスプラント等でCO_2を高圧のまま吸収・分離できるHiPACT技術を開

第3章 分離回収 —全体観と今後の展望—

発した。従来の方法に比べてCCSコストを最大で35％削減できる[8]。

4.3 物理吸収

CO_2と親和性を有するグリコール系溶媒やメタノール等を用いて，高圧下で吸収したCO_2を低圧下で放出させる方法である。Selexol，Rectisolなどのプロセスが米独にてアンモニア合成用ガスからのCO_2分離用途で商用化されている。また，IGCC等からのCO_2回収用途に検討されている。高圧用化学吸収液に比較して，CO_2分圧が高い用途で有利に用いられる。物理吸収法のCO_2回収コストは3,000～4,000円/t-CO_2である[2]。

新しい物理吸収液としてイオン液体が研究開発されている[9]。イオン液体の価格が高いことが課題である。

4.4 膜分離

膜分離法は圧力差を利用して目的とするガスを選択的に透過させる方法であり，各種分離技術の中で最少のエネルギーでCO_2を回収する可能性を有する。特に圧力を有するガス源からのCO_2分離では外部エネルギーの投入が不要であり，膜透過によるガスの圧力低下のエネルギー損失のみが消費エネルギーとなる。

分離膜の分離性能は，目的とする気体の透過性と，混合ガスから目的のガスのみを透過させる選択性の2つの指標で表される。技術戦略マップに示された圧力ガスからのCO_2回収で1,500円/t-CO_2を達成するための膜性能は，CO_2ガス源の性状にも因るが，膜単価が安い高分子系分離膜を用いた場合に，気体の透過性は5×10^{-10}～3×10^{-9} Nm^3/(m^2 s Pa)，選択性は20～40である。1,000円/t-CO_2を達成するには，選択性60～100が必要となる。

分離膜の種類として，高分子系膜，促進輸送膜，無機膜，金属膜，有機/無機複合膜などの多くが知られているが，IGCCや天然ガスに適用可能で前述の目標性能を有する分離膜は限られている。その中で，RITEが開発したデンドリマーを用いる分子ゲート膜はCO_2/H_2選択性が30と高くIGCCや天然ガスからのCO_2回収に有望であり，技術研究組合で実用化研究を実施中である。

天然ガスのCO_2回収では前述の化学吸収法が競合技術となる。天然ガス中のCO_2濃度が30 vol％未満では前述の化学吸収法であるaMDEA法がコスト的に優れるが，それを超えるCO_2濃度では分子ゲート膜がコスト的に有利となる試算結果を得ている。

CCS用途のCO_2回収では大量のCO_2を処理する必要があり，そのためには多くの膜面積を必要とする。300 MWのIGCCプラントからCO_2を回収する場合に必要な膜面積は約100,000 m^{2}であり，この膜面積を安価に安定して提供できる膜材料であることもCCSでのCO_2回収では重要である。その点で高分子系の分離膜は，分離膜材料が安価であること，加工性に優れることの利点を有する。

分離膜は研究開発途上にあり，目標性能の達成と合わせて実ガスを用いた耐久性の確認，更に

膜システムとプロセスの検討が必要となる。

　大気圧の燃焼排ガスからのCO_2回収を目的とした分離膜の開発がある。米国の膜ベンチャー企業メンブレン・テクノロジー・リサーチ社は，高分子系分離膜Polaris®を用いる独特の膜システムを考案して，石炭焚きボイラーから23ドル/t-CO_2で回収濃度約90 vol％でCO_2を回収するベンチプラント試験を米国エネルギー省の補助金で実施している[10]。現在のPolaris®の膜性能では，回収CO_2濃度約90 vol％を得る目的で，1段目の膜で濃縮したCO_2を2段目の膜で更に濃縮する膜2段法を採用している。ここで，膜のCO_2/N_2選択性を向上させて膜1段で所定のCO_2濃度を得ることが出来れば，トン当り10ドル台でのCO_2回収が可能になると考える。

　膜分離法はガスの透過速度の違いを利用する分離方法であり，安価にCO_2を回収できる反面で高濃度のCO_2を得ることは不得手である。膜分離法の利点を活かして安価にCO_2を回収するためには回収CO_2濃度を膜分離法に最適化することが必要となる。

4.5　吸着（固体吸収材）

　極性を有するCO_2を選択的に吸着する材料を用いてCO_2を回収する方法である。CO_2の吸着量が圧力と温度に依存することから，高圧下で吸着したCO_2を低圧下で放出させる圧力スイング吸着法（PSA）と，低温で吸着したCO_2を高温で放出させる温度スイング吸着法（TSA）とその両方の組み合わせがある。吸着剤としては，ゼオライト，活性炭，アルミナ等が中心に開発されている。

　吸着法では，吸着→洗浄→脱着の工程をサイクルすることから複数の吸着塔を用いる。CCSで大量のCO_2を処理するためには，この1サイクルに要する時間を短縮することが必要である。そのため，吸着速度と脱着速度の速い吸着剤の開発が進められている。吸脱着速度の向上方法としてハニカム型ゼオライトや中空糸膜に吸着剤を混ぜ込んだ中空型吸着剤がある。

　従来のゼオライト吸着剤は水蒸気を含むガスが供給されると水が選択的に吸着してCO_2の吸着量が著しく低下する。この課題を解決する目的でメソポーラスシリカをアミン修飾した吸着剤や疎水性ゼオライトがRITEで開発されている[11]。また，固体の担体にアミン化合物を担持した固体吸収材が米国DOE/NETLで開発されている。圧力スイング吸着法（PSA）では，CO_2源が圧力を有する場合に追加的なエネルギーが不要となるメリットを有する。

4.6　酸素燃焼

　酸素燃焼とは，空気の代わりに酸素で化石燃料を燃焼する方法で，窒素を含まないことから95％程度のCO_2を直接回収する技術である。燃焼炉の温度上昇を抑制する目的で，燃焼排ガスに含まれる高濃度CO_2を循環して酸素と混ぜて燃焼に用いる。工業的な酸素の製造方法として深冷分離法があるが，例えば，95％純度の1.6気圧の酸素を製造するには200 kWh/t-O_2と多くのエネルギーを消費する。酸素燃焼では安価に酸素を製造することが重要である。

　IHIが豪州のカライドA石炭火力発電所で，30 MWの実証プラントの1/100の規模で酸素燃

第3章 分離回収 —全体観と今後の展望—

焼技術のテストプロジェクトを実施して，30 MWの設備容量で酸素燃焼プロセスを実施できることを確認している[12]。

ケミカルルーピングは，酸素を用いる代わりに金属酸化物（酸素キャリア）を介して化石燃料を酸化反応させてエネルギーを得る方法である。酸素キャリアとしては，NiO/Ni，Fe_2O_3/Fe_3O_4，Mn_3O_4/MnO，CuO/Cu等の微粒子がある。基礎研究段階である。

5 今後の展望

国際エネルギー機関（IEA）のロードマップでは，2020年に100件のCCSプロジェクトを立ち上げ，その後，加速的にCCSプロジェクトを増加して2050年に3,400件のCCSプロジェクトを立ち上げる計画である[13]。この計画を実現するために，上述したCO_2回収技術がどのように導入されるか，そしてそのための課題は何かを私見も交えて述べる。技術課題と対策に関しては「技術戦略マップ」[2]に詳しく記載されているので参照して頂きたい。

CCSではひとつのプロジェクトで年間100万トン-CO_2規模を考えることが多い。年間100万トン規模のCCSでは一日のCO_2処理量が約3,000トンとなる。この膨大な量のCO_2を「安価・安定・安全」に回収する技術が必要となる。CCSに適用可能なCO_2分離技術の中で化学吸収法，物理吸収法は技術的な完成度が高く，化学吸収法では500 t-CO_2/日のプラントの計画がある。安定にCO_2を回収すると言う観点から技術を選ぶと，現時点では化学吸収法，物理吸収法になる。

一方で，化学吸収法，物理吸収法を用いた場合のCO_2回収コストは3,000〜4,000円/t-CO_2と大きく，安価にCO_2を回収すると言う観点から更なる改良が必要である。しかし，化学吸収法，物理吸収法の完成度は高く大幅なコスト削減は難しいと言える。経済産業省の技術戦略マップに記載の通り，化学吸収法でのCO_2回収コストは2,000円台/t-CO_2がひとつの目標と考える。更なるコスト削減のために革新的な分離回収技術の開発が必要である。技術戦略マップでは圧力ガスからのCO_2分離に膜分離等の新規技術を用いて，2015年までに1,500円台/t-CO_2，2020年までに1,000円台/t-CO_2の技術を確立する計画である。開発中の新技術は技術を確立した後に実証試験を経て実用化に供され，本格的な商用化までに時間を要する。

CO_2回収技術の展望を考える場合にはCO_2発生源も考慮する必要がある。既に存在するCO_2発生源であれば，条件が整えば直ぐにでも導入が可能となるが，CO_2発生源が新技術の場合にはその技術の実用化時期と合わせる必要がある。大気圧の既存発生源としては，火力発電所，製鉄所高炉，セメントプラントがあり，圧力を有する既存発生源としては，化学プラントや天然ガス田がある。即ち，これらのCO_2発生源に適合して経済的に成立するCO_2回収技術の導入の対象となる。CO_2回収技術を導入する際に，設置面積の確保も重要である。一方で，将来有望な高効率発電技術にIGCCがあり，CO_2とH_2を含む圧力ガスを排出する。現在，IGCCは米国等で稼動しているが，既存の石炭火力発電所の代替として多数のIGCCプラントが稼動し始めるのは

2020年以降になると推定する。

　安全にCO_2を回収すると言う観点も重要である。既存の火力発電所ではCO_2を回収した燃焼排ガスを大気に放散する。400 MWの石炭火力発電所からアミン吸収液を使用してCO_2を回収する際に，仮に，CO_2回収後の燃焼排ガス中に濃度1 ppmのアミンが含まれると，そのアミン量は年間で40トンになる計算である。燃焼排ガスに含まれるアミンが環境に及ぼす影響を確認すると共に，必要に応じて排ガス中のアミン濃度を下げる操作が必要となる。

　以上を踏まえて，CO_2回収技術の導入の展望と実現のための課題を記す。以下はCO_2回収に関する純粋な技術論であり，実際にCCSを実施する場合にはCO_2発生源と貯留サイトのマッチング，実施者と地元の方々の理解と協力が必要となる。

　(1)　大気圧のCO_2排出源からのCO_2回収

① 想定される導入の展望

・2020年まで

　主としてアミン吸収液が用いられる。酸素燃焼は実証試験の結果で経済的にアミン吸収法に対抗できれば用いられる可能性がある。

・2020年以降

　暫くはアミン吸収液が主流と考える。炭酸脱水酵素やこれを模擬した触媒を用いるアミン液や非水系アミン液等の高性能な吸収液の実用化を期待する。また，固体担体にアミン化合物を担持した固体吸収材が実用化される可能性がある。更に，膜分離法を用いるプロセスが実用化されることが期待される。

② 実現するための課題

　アミン吸収法では，1) 低コスト・低エネルギー消費型の回収・再生プロセスの開発，2) 長期安定性（アミン液の劣化対策），3) 環境影響評価，4) コンパクト化等がある。

　3) の環境影響評価は最近の話題である。4) のコンパクト化もアミン吸収液の普及には重要である。300 MWの石炭火力発電所から回収率90％でCO_2を回収する設備の設置面積は100 m×100 mとの試算結果がある。

　酸素燃焼法では，燃焼技術の最適化が重要である。また，酸素導電膜のような深冷分離に代わる安価な酸素製造技術の開発が重要である。

　膜分離法では，CO_2透過性とCO_2/N_2選択性が格段に優れる分離膜と膜分離システムの開発が必要である。

　(2)　圧力ガスからのCO_2回収

① 想定される導入の展望

・2020年まで

　天然ガスと化学プラントが主な対象であり，化学吸収法，物理吸収法が主に用いられる。

　新規技術であるCO_2分離膜等の実証試験が開始される。

第3章　分離回収 —全体観と今後の展望—

・2020年以降

　天然ガスと化学プラントからのCO_2/CH_4分離に加えて，IGCCの実用化が本格化してCO_2とH_2を含む圧力ガスからのCO_2回収の用途が拡大する。引続き，化学吸収法，物理吸収法が用いられ，イオン液体等の新規な吸収液が実用化される可能性がある。CO_2回収コストの大幅削減が可能な新規技術の実用化が始まる。新規技術としては膜分離法が候補であり，デンドリマーを用いる分子ゲート膜等の高性能なCO_2分離膜が，CO_2濃度が30％以上の劣質天然ガス田からのCO_2回収に実用化される。また，CO_2分離膜はIGCCでのCO_2とH_2の分離でも有利に用いられる。IGCCからのCO_2回収では吸着法も実用化の可能性がある。

② 実現するための課題

　吸収法では，低コスト・低エネルギー消費型のシステムの開発が重要である。また，新規吸収液（イオン液体等）の開発と低コスト化が必要である。

　分離膜では，膜目標性能の達成，耐圧膜モジュールの製造，実ガス試験，膜システムの開発である。

　吸着法では，新規吸着剤の開発と低価格化，実ガス試験，システム開発である。

　加えて，CCSを広く普及させるための共通課題に以下がある。

　1つ目は，CO_2回収技術の標準化である。CO_2回収性能の評価条件を標準化して技術の優劣を明瞭に判断できれば，CO_2発生源に最適な回収技術を選択することが可能となり，CCSの導入を加速すると期待できる。

　2つ目は，回収CO_2濃度の最適化である。回収技術に適した回収CO_2濃度を設定することでCO_2回収コストの大幅な削減が可能となり，その結果，CO_2回収技術の実用化を促進する。また，そのための法整備が必要となる。

6　おわりに

　本章では，CO_2分離回収の全体観と今後の展望を述べた。CCSを推進するためには，CO_2を安価に安定して安全に回収する技術が必要である。現時点では，この全てを満足する技術は存在しない。一方で，IEAのシナリオの2020年までに100件のCCSプロジェクトを実施するには残された時間は多くない。既存のCO_2回収技術を活用してCCSプロジェクトを立ち上げながら，既存技術を凌駕する革新的なCO_2回収技術を早期に完成させることが重要である。

文　　献

1) H17FY「二酸化炭素地中貯留技術研究開発」成果報告書（RITE）→コスト試算
2) H22FY「プログラム方式二酸化炭素固定化・有効利用技術開発（①技術戦略マップ）」成果報告書（RITE）
3) W. J. Moore著, 藤代亮一訳, ムーア物理化学, 東京化学同人（1974）
4) 北野康著, 炭酸ガスの化学, 共立化学ライブラリー（11）（1976）
5) IPCC, 2005: IPCC Special Report on Carbon Dioxide Capture and Storage, Cambridge University Press, Cambridge, U.K.（2005）
6) http://www.jisf.or.jp/course50/outline
7) https://www.co2castor.com/QuickPlace/castor/Main.nsf/h_Toc/7CE008B8893AF6E100256EC3004C093B/?OpenDocument
8) http://www.jgc.co.jp/jp/04tech/01gas/hipact.html
9) Kamps, A *et al., J Chem Eng Data*, Vol.51, No.5, 1802-1807（2006）
10) http://www.mtrinc.com/news.html
11) http://www.rite.or.jp/Japanese/labo/kagaku/kagakutop-j.html
12) http://www.callideoxyfuel.jp/index.php？MMID＝1927&SMID＝1945
13) http://www.iea.org/papers/2009/CCS_Roadmap.pdf

第4章　燃焼後回収 —化学吸収法を中心に—

東井隆行[*1]，後藤和也[*2]

1 燃焼後回収技術の概要

　燃焼後回収（Post-Combustion Capture）技術とは，石炭を微粉化し空気で燃焼させる微粉炭燃焼ボイラ（Pulverized Combustion）と蒸気タービンを組み合わせた発電システムに適用するCO_2分離回収技術である。この発電システムは現在の石炭火力発電プラントにおける発電方式の主流であり，化学吸収法がCO_2分離回収技術として適していることから実用化に最も近い技術であると考えられている。微粉炭燃焼ボイラに化学吸収法を適用したフローシート例を図1に示す。微粉炭燃焼ボイラからの燃焼排ガス中のCO_2濃度は12～14％で，NO_x，SO_x，煤塵などを含み，化学吸収法では，燃焼排ガスから純度99％以上のCO_2を回収できる一方で，NO_x，SO_x，煤塵などの不純物がCO_2分離装置および化学吸収液に影響を与える可能性がある。

　化学吸収法は，工業的には，すでに主として天然ガスの燃焼排ガスからのCO_2分離回収に採用されており，得られたCO_2は尿素合成の原料として利用されている。化学吸収法のプラント例を

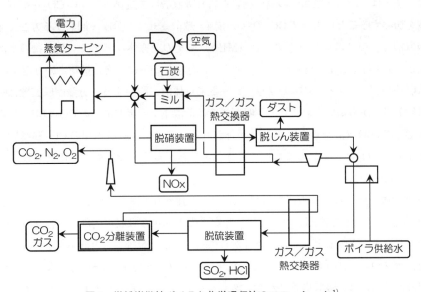

図1　微粉炭燃焼ボイラと化学吸収法のフローシート[1)]

---

*1　Takayuki Higashii　(財)地球環境産業技術研究機構　化学研究グループ　主席研究員
*2　Kazuya Goto　(財)地球環境産業技術研究機構　化学研究グループ　主任研究員

図2 化学吸収法のプラント例（尿素工場，マレーシア）[2]

図2に示す。

　化学吸収法とは，CO_2と親和性の高い物質を含む吸収液に燃焼排ガス中のCO_2を吸収させ，この吸収液を加熱することによってCO_2のみを解離・放散させて，分離・回収する方法である。代表的な吸収液は，モノエタノールアミン（MEA）やその誘導体などアミン化合物の水溶液から成り，図3に示す可逆な化学反応により，アミン化合物とCO_2は結合と解離を繰り返す。

　化学吸収法のプロセスを，図4のフローシートで具体的に説明する。分離回収装置は吸収塔と再生塔（放散塔）から構成されている。吸収塔では低温下での吸収液へのCO_2の取り込み，再生塔では高温下での吸収液からCO_2の放散が行われる。ここで，吸収液中のCO_2濃度は，吸収液に取り込まれたCO_2とアミンのモル比で表されることが多く，CO_2ロード比（もしくはCO_2ローディング）と呼ばれる。

　再生塔から送り出される高温吸収液はCO_2ロード比が0.1程度と小さく（リーン吸収液と呼ぶ），熱交換器を通過して冷却された後に，吸収塔の上部から吸収塔内部に供給され，吸収塔内部の充填物表面を流下するとともに，下部から供給される燃焼排ガスと向流接触することによって，燃焼排ガス中のCO_2を取り込む。この結果，CO_2ロード比が0.4～0.5となった吸収液（リッチ吸収液と呼ぶ）は，吸収塔下部から，熱交換器を介して，再生塔から送り出された高温リーン吸収液によって温度が上昇して再生塔に戻る。さらに，再生塔下部のリボイラー（吸収液溜め）で発生した水蒸気の熱により加熱されてCO_2を解離する。解離したCO_2は，再生塔上部で水蒸気が凝結・除去された後，高純度CO_2（濃度99％以上）として回収される。このようにして，燃焼排ガス中のCO_2は90％以上が回収可能である。

第4章 燃焼後回収 —化学吸収法を中心に—

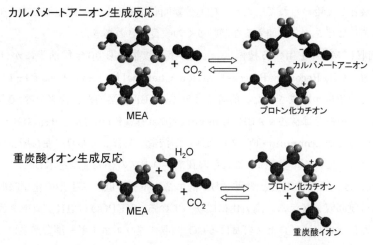

図3 モノエタノールアミン（MEA）とCO_2の反応

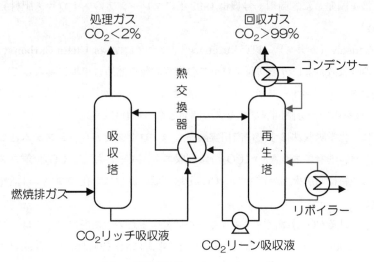

図4 化学吸収法のプロセスフロー[3]

2 化学吸収法の国際動向

　燃焼排ガスからのCO_2分離回収プロセスとしては，化学吸収法以外にも吸着法や膜分離等，種々の研究開発が行われているが，現状では化学吸収液によるCO_2分離が最も実績のあるプロセスである。しかしながら，CCSを目的とした発電所規模の大容量燃焼排ガスへの適用には至っていない。

　これまで，CO_2分離回収プロセスに用いられてきた代表的な化学吸収液はMEAである。MEA水溶液（一般的に20〜30wt％）は，古くからCO_2のみならず硫化水素などの酸性ガスを取り除

くための吸収液として用いられていたが，CO_2分離回収用途として，吸収液の劣化や装置の腐食防止のためのインヒビターを添加するなど，多くの改良がされてきた。

　CO_2分離回収にMEAを用いる技術は，1970年代後半から80年代前半にかけて，米国のKerr-McGee社（CO_2 Recovery Process）とDow Chemical社（Gas/Spec FT-1プロセス）により開発されその市場が形成された。前者では20% MEA水溶液が，後者では30% MEA水溶液が用いられた。現在では，各々ABB/Lummus Crest社，Flour Daniel社（Gas/Spec FT-1プロセスを発展させたEconamine FGプロセス）が技術を保有しており，主に尿素生産設備用プラントを多数納入している。表1に，これらの商業プロセスの納入実績を示した。

　また90年代には，三菱重工業と関西電力が低エネルギー・低コスト型の化学吸収液開発に取り組み，CO_2分離回収システムの商業化に成功している。KEPCO/MHIプロセスは，先行して開発されていた化学吸収法プロセスにおけるCO_2回収に伴うエネルギー消費が多いこと，吸収液の損失が大きいこと等の課題を解決すべく開発されたもので，従来のMEAベースの吸収液とは異なる新吸収液を開発した。商用一号機は1999年にマレーシアのペトロナス肥料会社向けに納入された（図2）。

　近年では，Cansolv（カナダ），HTC Purenergy（カナダ），Aker Clean Carbon（ノルウェー）などが，新規の吸収液および分離回収プロセスの研究開発を進め，市場に参入している。

　また，米国テキサス大学オースチン校では高濃度ピペラジン水溶液，フランスIFPENでは高濃度MAE水溶液を用いた分離回収プロセスの開発も進められている。

　以上のように，化学吸収法はすでに商用実績をもつプロセスであり，システムとして確立されているが，今なお，消費エネルギー（CO_2分離回収エネルギー）およびCO_2分離コストに課題がある。そのため，特に石炭火力発電所でのCO_2分離回収の低コスト化については活発な技術開発が行われている。

　化学吸収法におけるCO_2分離回収エネルギーを低減するための検討については，ヨーロッパのCastor Project（2004〜2008年）では，石炭火力発電所に1t-CO_2/hrの分離回収プラントを設置し，試験が行われた。また，それ以降も実証規模の試験が進められている。2011年に出版さ

表1　化学吸収法によるCO_2回収プラントの実績[4]

プロセスオーナー	CO_2回収量	運転開始年	排ガス発生源	場所
ABB/Lummus Crest（Kerr-McGee）	726t/日	1978	石炭燃焼	米国
同上	272t/日	1991	石炭燃焼	米国
同上	181t/日	1991	石炭燃焼	ボツワナ
Dow Chemical	1,000t/日	1982 1984解体	天然ガス燃焼	米国
Flour Daniel	317t/日	1991	天然ガス燃焼	米国
三菱重工/関西電力	283t/日	2005	天然ガス燃焼	日本
同上	450t/日×2	2007	蒸気改質器	インド

第4章 燃焼後回収 —化学吸収法を中心に—

れた"Efficient Carbon Capture for Coal Power Plants"(Stolten and Scherer, 2011)には，2005年以降のCO_2分離回収の実証プロジェクトがまとめられている（表2）。

これらの実証プロジェクトの吸収液に使用されているアミン化合物としては，MEAの他に，

表2 CO_2回収技術の実証試験[5]

Start-up	Country	Location	Captured CO_2 (t/d)	Solvents	Participants
2005	Canada	Boundary Dam Power Plant	4	MEA-MDEA	ICT University of Regina, Sask Power, Babcock & Wilcox, E.ON, nPower (RWE)
2008	Germany	Hamburg Reitbrook	0.1	THF, DME	E.ON Hanse
2008	Australia	New South Wales	3-14	MEA	CO2CRC (27 partners): e.g. BP, Shell, CSIRO, Australian Government, etc.
2009	Germany	Power Station Staudinger, Unit 5	n.a.	AAS	E.ON, Siemens
2009	China	Beijing	8	MEA based	CSIRO, China Huaneng Group, Thermal Power Research Institute (TPRI)
2009	Germany	Heyden	90	MEA	Cansolv, E.ON
2009	Germany	Power Plant Niederaussem	7	MEA	RWE, Linde, BASF
2009	USA	South Charleston, West Virginia	5	n.a.	Alstom, Dow Chemical
2010	Italy	Brindisi	14	MEA	Enel, Eni
2010	USA	Yates, Georgia	500	KS-1	Southern Company, MHIA
2010	China	Shanghai	250	n.a.	Huaneng Power International
2010	Germany	n.a.	100	KS-1	MHI, E.ON
2010	Germany	Wilhelmshaven	8	MEA	Fluor Daniels, E.ON
2010	Norway	Trondheim	n.a.	n.a.	Sintef, NTNU, Aker Clean Carbon (30.3.2009 E.ON, Scottish Power, StatKraft)
2010/2011	Germany	Duisburg	6	MEA	LUAT, IUTA, Ef-Ruhr, E.ON, Hitachi
2011	Wales	Aberthaw Power Station/South Wales	50	MEA, KS-1, PC	RWE nPower, Cansolv
2011	USA	Barry Power Plant, Arabama	500	KS-1	MHI, Southern Company
2015	Poland	Belchatow Power Plant	1	n.a.	Alstom, PGE Elektrownia Belchatow S.A., Fortum
2008	USA	Shadyside, Ohio RE Burger Plant	20	Ammonia	Siemens, Powerspan, FirstEnergy Corp.
2008	Australia	Delta Electricity's Munmorah power station	1	Ammonia	Asian Pacific Partnership funding
2009	USA	New Haven, West Virginia	270-820	Ammonia	AEP Mountaineer, Alstom, EPRI
2012	Canada	Alberta, Keephills Power Plant	2700	Ammonia	Alstom, TransAlta

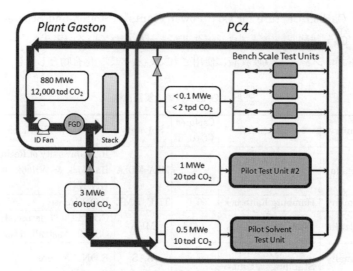

図5　NCCCのCO$_2$回収設備（PC4）の概要[6]

MDEA（N-Methyl-diethanolamine）や関西電力と三菱重工業が開発したKS液，チルドアンモニア法として用いられるアンモニアがある。アミン化合物以外ではAAS（アミノ酸）やPC（炭酸カリウム）なども利用されている。なお，THF（Tetrahydrofuran）やDME（Ethylene glycol dimethyl ether）は物理吸収法の吸収液として用いられている。

米国においては，2009年にThe U.S. Department of Energy（DOE）が，石炭火力発電におけるCO$_2$分離回収技術の開発促進を目的にNational Carbon Capture Center（NCCC）を設立し，燃焼後回収技術の評価設備（Post-Combustion Carbon Capture Center：PC4（図5））を建設した。ここで，世界各地のCO$_2$分離回収技術開発者が，NCCCと共同で自らの分離回収技術を試験・評価し，コスト効率の高い燃焼後回収技術の開発に取り組んでいる。

わが国における化学吸収法を用いた最初の燃焼後回収実証プロジェクトは，2006年に，J-パワー松島火力発電所内で実施された実証規模（10t-CO$_2$/日）試験である。本試験は，RITEの技術開発促進事業の一環として三菱重工業が実施した。

3　RITE技術の紹介

RITEは，平成16年度から平成20年度，「低品位廃熱を利用する二酸化炭素分離回収技術の開発」プロジェクト（COCSプロジェクトと呼ぶ）を企画推進し，新日本製鐵，関西電力，三菱重工業および新日鉄エンジニアリングの協力のもと，化学吸収法の技術開発を行った（図6）。

本プロジェクトは，化学吸収法による大規模CO$_2$の分離回収技術に関して，製鉄所からのCO$_2$分離回収コストを従来よりも半分以下に低減することを目標に，①高炉ガスを対象とした低エネルギーでのCO$_2$再生可能な高性能吸収液の開発，②製鉄所の未利用廃熱の有効活用をはかる低品

第4章 燃焼後回収 —化学吸収法を中心に—

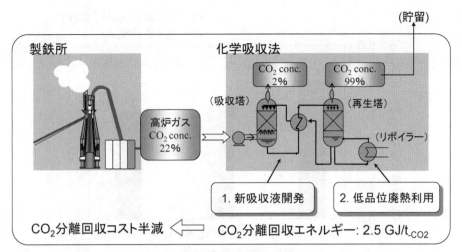

図6 COCSプロジェクトの概要[7]

位廃熱回収システムの開発を行い,以下の成果を得た。

① 新化学吸収法の開発

探索および基礎実験結果をもとに,理論計算も活用してCO_2高放散性の2級アミンを見出すとともにこれを主成分とする新吸収液(RITE-5系およびRITE-6系)を開発した。

また,実高炉ガスを用いたベンチ試験結果から,実機規模でのCO_2分離回収エネルギーの推算値は目標値の2.5 GJ/t-CO_2を達成できることが確認された(図7)。また,耐久性試験や腐食試験等も行い,その実用性を確認した。

② 低品位廃熱回収システムの開発

未利用廃熱の実態調査を基に標準製鉄所の廃熱量を検討,利用可能な数種類の廃熱を特定し,廃熱回収技術の開発や技術検討を通じて,利用可能な廃熱量が2,400 TJ/年であることを確認した。この熱量は,約100万t-CO_2/年(標準製鉄所CO_2排出量の12%)のCO_2分離回収熱量に相当する。廃熱の利用形態は蒸気変換が最適であり,低圧蒸気1トンを目標値以下の1,350円で製造可能であると算出された。

以上により,CO_2分離回収コストを現状の半分以下に低減できる可能性について確認できた(図8)。

COCSプロジェクトによる成果は,製鉄所高炉ガスからのCO_2分離回収を目的とした環境調和型製鉄プロセス技術開発プロジェクト(COURSE50,平成20年度〜24年度)に引き継がれた。現在,RITEは,COURSE50プロジェクトにおいてより高性能な新吸収液(CO_2分離回収エネルギー目標値 2.0 GJ/t-CO_2)を開発すべく研究開発に取り組んでいる。同時に,30t-CO_2/d規模のプラント設備(図9)による実証実験を進めている。

また,平成21年度には,RITE,CSIRO(Commonwealth Scientific and Industrial Research Organisation,オーストラリア)および千代田化工建設との共同研究において,ビク

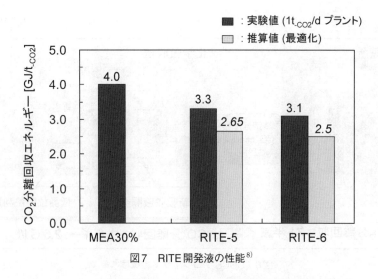

図7 RITE開発液の性能[8]

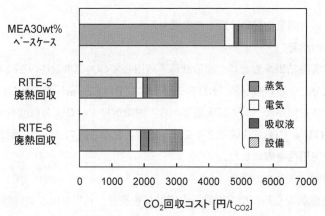

図8 COCSプロジェクトにおけるコスト評価[8]

トリア州ロイヤン発電所に設置されたCSIROのテストプラントにて,石炭燃焼排ガスに対するRITE開発吸収液の評価を実施した。

4 今後の展望

化学吸収法によるCO_2分離回収の技術開発は,高性能な化学吸収液の開発,低コスト化学吸収法の開発と実用化検討を含めた実証試験が同時に進められるであろう。

化学吸収液開発ではCO_2ロード比が大きく,より低温で再生可能な吸収液の開発が求められる。また,計算化学も活用したアミン化合物とCO_2の結合・解離メカニズムの解明による優れたアミン化合物の提案や化学吸収液の開発が活発に行われることが期待される。

新規な化学吸収法としては,カナダCO_2 solutionによる炭酸脱水素酵素の利用やフランス

第4章 燃焼後回収 —化学吸収法を中心に—

図9 COURSE50におけるCO_2回収技術評価プラント（CAT-30）[9]

表3 今後の化学吸収法の技術開発

---
1) CO_2分離回収コストの低減
 ・ 高吸収／高放散性を有する吸収液の開発
 ・ 低温再生吸収液の開発
 ・ 革新的な化学吸収法の開発
2) 実用化技術検討
 ・ 吸収液耐劣化性向上，リクレーミング技術
 ・ プラント材料腐食防止技術
 ・ 環境影響評価（環境アセスメント）
3) プロセス最適化
 ・ プロセスシミュレーション技術

IFPENによる2液相系吸収液の開発などが例示される。

　化学吸収法の実用化技術検討としては，吸収液が常時高温や燃焼排ガス中の不純物にさらされるため，吸収液の劣化，劣化に伴う不純物発生とその揮散や環境への影響（環境影響評価）が重要になる。また，吸収液による設備材料の腐食や燃焼排ガス中の成分（SO_xなどの酸性ガス）と反応して生成するHSS（Heat Stable Salt：熱的安定塩）への対策として，耐劣化性の向上やリクレーミング（吸収液再生）技術の開発も重要である。これらは，燃焼排ガスと化学吸収液中の成分を理解したうえで検討することが必要であり，吸収液中のアミン化合物と燃焼排ガスに含まれるSO_xやNO_xとの反応について，特に留意する必要がある。さらに，吸収液の劣化，設備材料の腐食，HSS，吸収液の発泡などの発生を抑制するために，防止剤の検討も行われている。

また，化学吸収法は，吸収液により最適な設備・プロセスが異なると考えられる。限られた実証試験のデータを基に最適なプロセスを構築する必要があり，その検討手段としてプロセスシミュレーション技術の高度化も技術開発の課題と考えられる。

　以上の化学吸収法を中心とした燃焼後回収の今後の技術開発を表3にまとめた。言うまでもなく，CCSを目的としたCO_2の回収では，可能な限りの低コスト化が望まれる。また同時に，技術開発のステージが実証段階にあることから，実用的エンジニアリングの視点での技術開発が重要である。

文　　献

1) RITE編, 図解CO_2貯留テクノロジー, p.83, 工業調査会（2006）
2) 飯島ほか, 地球温暖化対策技術としてのCO_2回収技術, 三菱重工技報, **47**, p.48（2010）
3) RITE編, 図解CO_2貯留テクノロジー, p.92, 工業調査会（2006）
4) 小山, 特集 CO_2回収貯留技術の最新動向 CO_2分離回収技術の動向 1）化学吸収法, エネルギー・資源学会誌, Vol.26, No.6（2005）
5) D. Stolten and V. Scherer, "Efficient Carbon Capture for Coal Power Plants", p.217, Wiley-VCH（2011）
6) National Carbon Capture Center ホームページ
（http://www.nationalcarboncapturecenter.com/post-combustion-co2-capture.htm）
7) 平成16年度RITE成果報告書「低品位廃熱を利用する二酸化炭素回収技術開発」
8) 平成22年3月,「低品位廃熱を利用する二酸化炭素回収技術開発」事後評価報告書
9) ㈳日本鉄鋼連盟COURSE50プロジェクトホームページ（www.jisf.or.jp/course50/index.html）

第5章 燃焼前回収 —物理吸収法，化学吸収法—

大野拓也*

1 燃焼前回収技術の概要

1.1 全般

本章においては，CO_2の燃焼前回収において，現在主流技術となっている溶剤を用いたCO_2吸収回収法に焦点をあて，それら技術と周辺技術の動向を紹介し，燃焼前回収の今後を展望する。

最初に本項においては，燃焼前回収全体工程の中でCO_2の溶剤吸収法がどのような役割を持ち，また周辺技術とどのような関係を持っているのか明確にする。

典型的なCO_2燃焼前回収の概略全体フローを図1に示す。原料となる石炭，あるいは石油残渣等の炭化水素は，酸素または空気といった酸化剤によりガス化装置で部分酸化され，COとH_2を主成分とする合成ガスに転換される。合成ガスはCOシフト反応（触媒反応であり反応式：$CO+H_2O \rightarrow H_2+CO_2$）により$H_2$を主成分とする合成ガスに変換される。この反応で副生するCO_2は，元々ガス化で一部生成しているCO_2と共にガス精製工程の中にあるCO_2回収装置にて合成ガスから除去され貯留される。通常COシフト反応とガス精製工程の間には，発生する熱を有効に活用するため，熱回収工程が組み込まれている。CO_2除去後のH_2を主成分とする合成ガスは発電燃料として発電装置に送られる。

合成ガス中に存在するその他の不純物の除去工程は，CO_2燃焼前回収工程に大きく影響するため，これら不純物の除去技術をCO_2回収技術と切り離して論じることはできない。殆どの場合，ガス化原料には硫黄が含有されており，合成ガスにはH_2SやCOSも含まれる。H_2SやCOSは燃

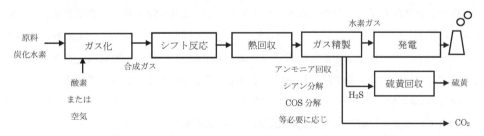

図1 CO_2燃焼前回収技術概略全体フロー

注） ガス化 にはガス化技術毎に固有の原料投入，煤塵・塩素類のScrubbing，及び熱回収システムが含まれる。

---

* Takuya Ono 日揮㈱ 技術開発本部 技術推進部 部長・チーフエンジニア

焼後SO_Xを生成することから，大気汚染物質となるものとして，合成ガスから除去される。また，ガス化ではその原料中の窒素分を起源とするシアン化水素やアンモニアも発生し，合成ガス中に存在する。それ以外にも塩素分等も原料から持ち込まれる場合がある。これらはプロセス内で閉塞・腐食・吸収溶剤劣化等好ましからない影響を与える物質であり，合成ガスから除去する必要がある。CO_2に加え，このような大気汚染物質や運転上弊害となる多種のガス化副生物質を燃焼前に合成ガスから除去することにおいて，それぞれの除去技術の発展・革新と共に，複数の技術を組み合わせ融合させ，性能的・コスト的に最適なプロセスを構築することは重要な技術開発要素である。因みにガス化は還元雰囲気での反応であるため，CO_2燃焼後回収において不純物として注意が必要な酸素，SO_X，NO_X等の酸化物は，燃焼前回収においては，特別な場合や異常な場合を除いて考慮する必要はない。

図1のフローにおいて，発電のブロックを化学合成に置き換えると，これは旧来から存在するガス化を経由した化学品合成設備の基本フローを表すことになる。化学品合成設備（合成燃料製造設備も含む）においては，合成ガス中のCOとH_2の流量比を，後段の化学品合成工程の要求に応じた比率に調整する必要がある。例えば，アンモニア合成の場合はH_2のみ必要でありCOは不要，FT（フィッシャートロプシュ）油合成の場合はH_2とCOの容量比が約2対1。化学品合成設備において合成ガスのCOとH_2の比率調整には，COシフト反応が用いられている。一部あるいは全量の合成ガスをCOシフト反応器に通過させて，ガスのCOとH_2の比率を制御する。化学品合成設備では，製品合成用触媒の反応効率を高めるため，あるいはその触媒への被毒弊害を防ぐため，COシフト反応で副生したCO_2は，元々ガス化で副生したCO_2，H_2S，COS，シアン化水素，アンモニア等共に，後段の化学製品合成触媒反応の要求に応じたレベルまで合成ガスから除去される。

即ち，CO_2回収技術は，ガス化を経由する化学品合成設備の長い歴史（例えばSasol南アの石炭ガス化FT油合成設備：1955年以来運転，宇部アンモニアの石油コーク/石炭ガス化アンモニア合成設備：1984年以来運転）の中において，その他の不純物回収も含めた合成ガス精製技術と共に研究され発展してきた分野である。ガス化を経由した化学品合成の分野で育まれてきたプロセスや技術が，現在IGCC設備への応用を経て，燃焼前回収のガス精製やCO_2回収に応用されようとしている。例えば，化学品合成設備の合成ガス用COシフト反応触媒は，サワーシフトと呼ばれるガス中の硫黄化合物を除去しないまま利用できる触媒が主流となっている。これを応用して，燃焼前回収技術にはサワーシフトが適用されようとしている。また，石油・天然ガスの分野で使われているガス精製技術の燃焼前回収技術への応用も見られる。

このような化学品合成設備や石油・天然ガス分野でのガス精製技術の応用として，燃焼前回収技術に適用されようとしている代表的な技術が溶剤を用いた吸収回収法である。溶剤を用いた吸収回収法には大別して物理吸収法と化学吸収法，及びその混合（ハイブリッド法）がある。

第5章 燃焼前回収 —物理吸収法，化学吸収法—

1.2 物理吸収法

物理吸収法はガス化を経由した化学品合成分野で，その合成ガスの精製技術として使われてきた技術である。代表的なものにはLURGI/LINDEのRECTISOLと，DOW/UOPのSELEXOLがある。

物理吸収法は合成ガスを化学品合成用の反応触媒へ送り込む前に，徹底的に不純物を取り除く技術として開発されてきた。物理吸収法は，ガス中の硫黄化合物やCO_2濃度をppm以下のオーダーにまで低減させることも可能な技術である。

物理吸収法は気液平衡を利用し，ガス中の目的成分を溶剤へ物理的に吸収させる技術である。溶剤には例えばRECTISOLはメタノールを使用，その他スルホラン，ジメチルエーテル，プロピレングリコール等技術によって様々な溶剤が用いられている。物理吸収法の工程は，目的成分を吸収除去する吸収塔（棚段塔あるいは充填塔）と溶剤から吸収成分を煮沸除去し溶剤を再生する再生塔（棚段塔あるいは充填塔）という主要機器から構成される。物理吸収法は気液平衡を利用した物理吸収であるため，吸収塔の運転圧が高いほど，同運転温度が低いほど目的成分の吸収除去には有利である。吸収塔の運転圧力・温度の条件は，各物理吸収法技術により異なる。

CO_2とH_2Sを同時に除去する場合の物理吸収法の典型的フローを簡略に図2に示した。前述した吸収塔と再生塔以外の主要機器としては，H_2S濃縮塔や，CO_2フラッシュ器がある。H_2S濃縮塔や，CO_2フラッシュからは濃度の高いCO_2が回収される。再生塔の塔頂から回収されるCO_2ガスには比較的高い濃度のH_2Sが存在し，後段の硫黄回収装置に送られるか，H_2S貯留が許される場合は，CO_2はH_2Sと共に地中貯留される。

COSは物理吸収法の吸収塔で合成ガスから除去され，一部CO_2フラッシュ器や，H_2S濃縮塔から回収されるCO_2に同伴されると言われる。CO_2の純度に厳しい条件が設けられる場合は，このCOSは吸着等の方法で，回収されたCO_2から分離する必要がある。あるいはCOSは物理吸収

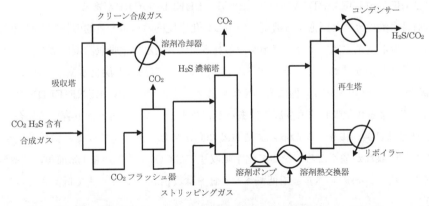

図2　物理吸収法（CO_2，H_2S同時吸収の場合）の典型的フロー簡略図
注）物理吸収法の概念表現のため実際のフローを簡略化して表している。実際のフローはさらに複雑であり，また各技術，ガス条件等により異なる。

工程の前段で，触媒を使った加水分解反応（反応式：$COS + H_2O \rightarrow CO_2 + H_2S$）により，$CO_2$と$H_2S$に転換されてから吸収塔に送られる。COSはCOシフト反応触媒上で平衡まで加水分解すると言われているが，これは工業レベルでは未だ定かでないため，合成ガス全量をCOシフト反応器に通し，その平衡上COS分解が問題ないレベルまで進むと計算される場合でも，COS加水分解触媒反応装置をCOシフト反応器の後段に別途設置するべきであるとの議論もある。

シアン化水素はその殆どが物理吸収法の溶剤に吸収され，すべて再生塔にて放散されると言われているが，シアン化水素の挙動は現在も正確には把握されていない。

アンモニアは物理吸収法の前段で水スクラバー等の方法で水への溶解分離によりガスから除去される。従って，物理吸収法を燃焼前回収に採用する場合，現在最も適したフローは，

  ガス化→サワーシフト反応→COS加水分解（議論あり）→熱回収→アンモニア水洗除去
  →物理吸収→発電

となり，さらに詳細には煤塵や塩素類の水洗除去工程がガス化の後に組み込まれる。

尚，物理吸収溶剤はガス中に存在する微量成分の影響で劣化したり，汚染されたりすることが少ないと言われているが，石油残渣系のガス化を経由した合成ガス精製に適用された物理吸収溶剤が，ガス中に存在する金属カルボニルにより運転上問題になる影響を被るという報告もある。

ガス化を経由する化学品合成設備の歴史の中で培われた物理吸収法は，燃焼前回収工程へ適用されつつあり，また，新たな物理吸収法の開発も行われている。詳しくは"世界の動向"の項で述べる。

1.3　化学吸収法

化学吸収法は主に天然ガスや石油精製分野でH_2SやCO_2を回収する技術として使われてきた。これらの分野では取り扱う製品ガスは炭化水素であり，製品である炭化水素をも憂慮するレベルで吸収除去してしまう物理吸収法は適用され難かったという背景がある。化学吸収法の代表的なものにはBASFのaMDEAやDOWのUCARSOL，SHELLのADIPがある。

化学吸収法は酸性ガスと反応する溶剤を使用し，化学反応の作用で目的の物質を吸収除去する技術である。吸収溶剤にはアルカリ溶剤が使われる。代表的な化学吸収溶剤にはアミンというアミノ基を有する薬品が使われている。アミンはアミノ基に置換した炭化水素基の数により1級，2級，3級アミンに分類される。他にも例えば炭酸カリウム（UOPのBENFIELD）等アミン以外の溶剤を使用する化学吸収法も少数ではあるが存在する。CO_2とH_2Sが共存する場合，化学吸収法ではH_2SはCO_2に優先して吸収除去される傾向があり，アミンではその級数が上がるに従いH_2Sの選択吸収性が強くなる。総じて化学吸収法ではCO_2を数％から1％前後のレベルまで，必要に応じて数十ppmのレベルまで低減させ，H_2Sは数ppmのレベルまで低減させることに適している。

もともと化学反応を利用するので，化学吸収法は物理吸収法よりも装置が小型化できコストが安いと言われているが，処理しようとするガス中にCO_2が15％〜20％以上含まれるような場合

第5章 燃焼前回収 —物理吸収法，化学吸収法—

は，物理吸収法のほうがコスト的に有利とも言われている。しかしながら，両吸収法とも様々な技術が存在し，条件によりそれぞれの特質を有しているので，技術の評価に関してはプロジェクト毎にその条件に応じて精査されるべきである。

化学吸収法の概略フローを図3に示す。化学吸収法では，目的成分を吸収除去する吸収塔（棚段塔あるいは充填塔）と熱を加えて溶剤と吸収成分を分離して溶剤を再生する再生塔（棚段塔あるいは充填塔）という主要機器から構成される。化学吸収法は溶剤と目的物質の反応が吸収の主駆動力であるので，気液平衡のみ駆動力とする物理吸収法ほど吸収塔の高圧，低温運転を要求しない。BENFIELDの吸収塔は100℃近辺で運転され，アミン溶剤を用いた化学吸収法の吸収塔は，空冷・水冷で冷やせる温度程度で運転されるのが一般的である。また，化学吸収法が燃焼前回収に適用される場合，その吸収塔の運転圧力は，上流のガス化の運転圧と下流の発電装置の要求するガス供給圧のバランスで決められる。

CO_2と共にH_2Sが存在する場合で，貯留にCO_2の高純度が要求される場合には，例えば級数の低いアミンにてCO_2とH_2Sを同時に吸収除去し，その再生塔塔頂から放出されるCO_2とH_2Sの混合ガスを，3級アミンを使った低圧運転の吸収塔に通し，そこでH_2Sを選択吸収させ，高純度のCO_2をその二段目の吸収塔塔頂から得る方法が考えられる。この方法は，CO_2とH_2S両方を含有する天然ガス精製工程において，硫黄回収のために硫黄回収装置に送るガス中のH_2S濃度を高めるため，数多く採用されているプロセスである（H_2Sエンリッチメントと呼ばれているが，CO_2回収からみればCO_2エンリッチメントと言い換えられよう）。

化学吸収法は総じてCOSの吸収性能が物理吸収に比べ低い。そのため環境値を守るために，通常化学吸収法の前段にCOS加水分解反応器が置かれる。COシフト反応におけるCOSの挙動に対する考察は"物理吸収法"の記述を参照されたい。

シアン化水素はその一部が化学吸収溶剤に吸収され，アミンの場合溶剤中でギ酸を形成し，アミンを劣化させる。級数の高いアミンほどシアン化水素に弱いという議論もあるが，工業的レベルでのシアン化水素のアミンに対する挙動は明確に解明されていない。シアン化水素加水分解

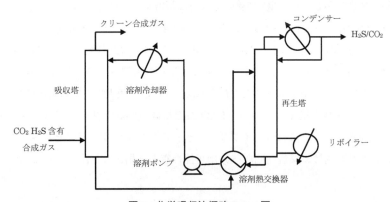

図3 化学吸収法概略フロー図
注）物理吸収法と同様にCO_2フラッシュ器を設置する場合もある。

（反応式：HCN＋H_2O → CO＋NH_3）を化学吸収法（特にアミン）の前段に設置することが必要となる。シアン化水素はCOシフト反応触媒上で平衡まで加水分解すると言われているが、これは工業レベルでは未だ定かでないため、合成ガス全量をCOシフト反応器に通し、その平衡上シアン化水素分解が問題ないレベルまで進むと計算される場合でも、シアン化水素加水分解触媒反応装置をシフト反応器の後段に別途設置するべきであるとの議論もある。

アンモニアは化学吸収法の前段で水スクラバー等の方法で水への溶解によりガスから除去される。以上より、化学吸収法を燃焼前回収に採用する場合、現在最も適したフローは、

　　ガス化→サワーシフト反応→COS/HCN加水分解（議論あり）→熱回収→アンモニア水洗除去→化学吸収→発電

となり、さらに詳細には煤塵や塩素類の水洗除去工程がガス化の後に組み込まれる。

化学吸収法の代表的な技術であるアミン吸収法は、長い歴史を有し石油、天然ガス、ガス化・IGCCの分野で広範に使用されている。そのためアミンに関しては多くの研究報告がなされており、その分その弱点もよく知られている。シアン化水素による溶剤劣化、不純物起因の発泡性、熱安定性塩（HSS）の形成、補給水に僅かに溶存混入する程度の酸素での溶剤劣化等。その一方で、電気透析法やリクレイマーによるアミン再生、各種消泡剤の開発、定期的な溶剤中和や一部溶剤更新等、対策もよく確立されている。このようにアミンを代表する化学吸収法は進歩を続けており、その汎用性と安価な技術として、燃焼前回収技術として大きく注目される。

1.4　ハイブリッド法（物理吸収・化学吸収混合）

物理吸収法の吸収除去能力と、化学吸収法の反応吸収能力を融合してCO_2、H_2S、COSを同時吸収すべく、天然ガスや合成ガス精製用として開発され普及してきた技術がハイブリッド法である。ハイブリッド法の典型的なフローは図2に示した化学吸収法と同様である。代表的なハイブリッド法にはSHELLのSULFINOLがあり、その吸収溶剤は物理吸収溶剤のスルホランと化学吸収溶剤の二級あるいは三級アミンの混合である。ガス化合成ガス精製にSULFINOLを適用する場合の技術の特性に関しては、既に1990年以前に報告がなされている[1]。

また、SULFINOLを利用してCO_2とH_2Sを同時吸収し、SULFINOL再生塔塔頂から回収されるCO_2とH_2Sの混合ガスを、同SHELLのADIP（この場合は三級アミンを使う）によりH_2Sエンリッチメントさせる技術をSHELLは有する。これは天然ガスの分野で数多く実績を持ち、IGCCにも適用されている。さらにSHELLはPAQUESという微生物を使った脱硫技術を開発し、商業設備への適用実績数を増やしている。PAQUESは硫黄回収と共に、H_2Sエンリッチメントにも適用できる技術である。これらハイブリッド法、及びハイブリッド法とH_2Sエンリッチメント技術の組み合わせ技術は、燃焼前回収へ応用可能な有力技術として注目される。

第5章　燃焼前回収 —物理吸収法，化学吸収法—

2　世界の動向

現在まで大型実証発電や商業発電規模での燃焼前回収設備の実績はない。そのため，現在においては燃焼前回収における溶剤吸収法の実績を分析することはできない。そこで，まず合成ガスと天然ガス分野でのガス精製技術の現状を分析する。現在まで世界の商業ガス化設備とCCS（EORを含む）を伴う商業天然ガス設備に適用されている吸収溶剤技術の実績を表1に示す。表中のIGCCの中には日本の勿来IGCC（2007年稼働）と根岸IGCC（現JX日鉱日石エネルギー，当時の新日本石油精製2003年稼働）が含まれ，この二つの設備は何れも化学吸収法を採用している。また，ガス化によるガス燃料製造で代表的な設備は米国Great PlainsのDakota Gasification（1984年稼働）であり，この設備は石炭ガス化から代替天然ガス（SNG）を製造する過程で，合成ガスからCO_2を回収（年間約120万トン）し，このCO_2を160km離れたカナダWeyburnに送り，石油増産（EOR）用に使用している。このDakotaの設備ではCO_2回収に物理吸収法であるRECTISOLが使われている。不純物を合成ガスから徹底的に除去する必要のあるアンモニア合成や液体・ガス燃料合成設備では，物理吸収法が多く採用されている。一方現状では環境汚染対応として硫黄化合物の除去は要求されているが，必ずしもCO_2回収を必要としていないIGCC設備では，合成ガス精製に化学吸収法が多く採用されている。また炭化水素の吸収作用も強い物理吸収法は，天然ガス精製においては敬遠され，この分野では化学吸収やハイブリッド法が使われている。特に表1では天然ガス設備でCCS（EORも含む）を伴った設備（Sleipner, In Salah, Snohvit, La Barge）を示しているが，La Barge以外いずれもアミン化学吸収法を使って天然ガス中に含まれるCO_2の大部分を回収している。中でもaMDEAはIn SalahとSnohvitに適用されており，合成ガスからのCO_2除去の実績も多数有する。La Bargeでは物理吸収法であるSELEXOLを使っている（一部のCO_2回収に実証としてCFZ（CO_2深冷分離回収法）が導入されている）。La Bargeの天然ガスはCO_2濃度が65％という高濃度であり，高濃度CO_2含有ガス処理には物理吸収法が有利であることを示している。

現状では地中貯留まで伴った燃焼前回収実証設備はまだ存在しないが，ガス化発電設備を利用したガス精製技術の将来的な燃焼前回収への適用性の検討は各国で行われている。日本でも電源

表1　商業ガス化設備及びCCSを伴う商業天然ガス設備の吸収溶剤ガス精製技術適用実績数
（2011年7月現在）

	物理吸収法	化学吸収法	ハイブリッド法
ガス化電力（IGCC）	3	8	1
ガス化NH_3，液体・ガス燃料	17	1	2
天然ガス＋CCS（EORを含む）	1	3	0

注1）ガス化原料が石炭あるいは石油残渣の商業プラント。バイオマス・ゴミガス化設備は除く。
注2）NH_3，液体・ガス燃料生産ガス化プラントは代表的な20プラントを抽出。

開発が実施する若松のEAGLEガス化設備では，燃焼前回収に対し最適な既存CO_2回収技術の検討を物理・化学吸収法の両面から行っている。

　一方で，新しい溶剤吸収技術も開発されている。日本の製鉄関係6社とNEDOの実施するCOURSE50プロジェクトの中で，高炉ガスからのCO_2回収のための新しいアミン技術の開発が行われている。この開発成果は，燃焼前回収技術への適用としても期待される。また，米国DOE/NETLからは燃焼前回収物理吸収法の開発補助の指針が示されている。その指針では物理吸収法におけるフラッシュCO_2圧力低下の抑制，CO_2吸収塔出口合成ガスの水分補充負担の改善，吸収溶剤循環量削減，吸収による水素損失の低減を，改善すべきテーマとして掲げている[2]。また，最近既に開発に成功し商業段階に入った化学吸収法技術に注目すべきものがある。日揮とBASFは，溶剤で吸収したCO_2を再生塔で放散する際，再生塔の運転圧を従来の技術より高圧化し，CO_2のCCSに伴う回収・昇圧コストを25％〜35％低減する技術開発に成功し，商業化段階に入っている。これはHigh Pressure Acid-gas Capture Technology（HiPACT）と呼ばれ，高温で沸騰しても破壊されないアミンを開発し，これにより高圧再生を可能としている。HiPACTは同時に再生塔リボイラー負荷も低減できる技術である。HiPACTは天然ガスに加え合成ガスへの適用をうたっており，燃焼前回収の革新的新技術として期待される。

　図4に化学吸収法（HiPACTを含む）と物理吸収法の比較を示した。比較に使った対象設備としては，現存する，あるいは計画されているCO_2回収装置に，回収したCO_2を20 MPaまで昇圧する昇圧設備を設置した場合を想定しており，そのCO_2回収と昇圧にかかる総合のエネルギーを

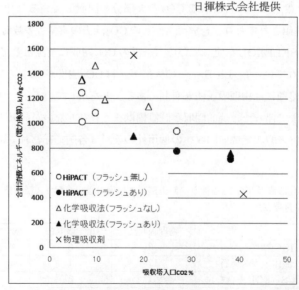

図4　CO_2濃度 vs. CO_2回収・昇圧総合消費エネルギー（電力換算）
　　注1）CO_2昇圧は20 MPaと設定。
　　注2）熱エネルギーもタービン効率を考慮した電力に換算。

第5章 燃焼前回収 —物理吸収法,化学吸収法—

吸収塔入口のCO_2濃度に対して図示している。新しい回収技術の優位性と共に,化学吸収法と物理吸収法それぞれの適切な適用領域が表現されている。

また,CO_2回収率の最適値に関しても燃焼前回収プロジェクト計画の中で検討が行われている。これは水素タービン開発の進捗度合い,全体の効率とコスト,ガス化の形式(酸素吹き,空気吹き)等を考慮しながら検討されている。

このように燃焼前回収技術に関しては,最適技術の検討や新技術の開発が活発に行われている。

3 今後の展望

燃焼前回収の実証プロジェクトとして近年中に実現するものとして世界的に注目されていた米国のFUTUREGENは,2011年にその計画を酸素燃焼法へ変更することとなった。また,燃焼前回収として同様に大きな注目を集めていた豪州のZEROGENも同年プロジェクトの中止を発表した。さらにMASDARとBPがAbu DhabiにHYDROGEN POWER(燃焼前回収としては変わり種であって,天然ガスからH_2を製造して水素発電とCO_2 EORを実施する計画)も,少なくとも数年に及ぶ計画遅延が発表されている。燃焼前回収実現への難しさを表すものとして受け止めるべきであろう。

機材費が高騰し,それがピークに達した2006年から2008年ころの建設コストを指標とすると,石炭ガス化ベースのIGCCの建設コストは＄2,500〜＄3,000/kW-送電端である。一方,石炭原料でほぼ全量のCO_2回収を行う燃焼前回収装置(IGCCにCOシフト反応装置とCO_2回収装置,及び回収CO_2を20 MPaまで昇圧するCCS用の昇圧機が追加された装置)の建設費は約＄4,000〜＄5,000/kW-送電端となる。この場合回収CO_2に＄20〜＄30/トンの価値がつけば,燃焼前回収においても,IGCCと同等の経済性を確保できる。しかしながら,もともとIGCCが高価な装置である実情において,燃焼前回収がコスト的にかなり難しい装置であることが判る。

その一方で,米国ではガス化プロジェクト案件は多く,2011年7月現在で17件のガス化プロジェクトが計画されている(内12件は石炭ガス化,残り5件は石油コークガス化)。これらの多くはCO_2回収の可能性を持っている。また,表2に世界における燃焼前回収とガス処理設備(ガス化や天然ガス設備)でのCCS(EORも含む)プロジェクトの件数を示した。北米を中心に数

表2 世界の燃焼前CO_2回収及びガス処理CO_2回収のプロジェクト数(2011年7月現在)

CO_2発生設備 地域	発電		ガス化/製油所等		天然ガス関連	
	稼働中	2011年以降	稼働中	2011年以降	稼働中	2011年以降
北米	0	6	1	7	1	1
EU/ヨーロッパ	0	3	1	0	2	0
その他	0	3	0	0	1	1
合計	0	12	2	7	4	2

多くの計画が進められている。一つでも多くの案件の実現を期待したい。

　このように，燃焼前回収は今後も北米を中心にプロジェクトが継続して計画されていくものと予想される。燃焼前回収が実現するための重要要素としては，如何に経済性を高めていくかということであろう。政府のインセンティブがどれだけ得られるか，EORと組み合わせることによる原油生産での収益改善といった，CCSにおける共通要素以外に，燃焼前回収の持つ潜在力としては，複合製品をその装置から生み出し，それらを商品化することによる経済性の向上がある。前項で触れたDakota Gasificationの設備では，石炭をガス化しSNGを主製品として製造するとともに，回収CO_2をEOR用に副製品として販売している。さらに，ガス化で副生するその他の物質も回収して製品化している。これらには，空気分離装置からの窒素，クリプトン，キセノン，合成ガスから回収されるナフサ留分，フェノール，クレゾール，アンモニア，硫酸アンモニウムがある。厳密にはこのDakotaの設備は発電所ではないが，すでにGCCSIの登録分類をはじめ多くの機構の分類によると燃焼前回収設備に登録されている。既に発電設備以外のガス化設備から回収されたCO_2のCCSであっても，燃焼前回収とみなしていく動きが感じられる。

　燃焼前回収の将来展望として，実現のためにはその経済性を高めること。そのためには徹底したガス中の不純物回収とその商品化が必要である。即ち，技術面では，ガス化・IGCC，天然ガス，石油精製，鉄鋼等，様々な分野で培われた，あるいは開発されている物理・化学吸収法を中心としたガス精製技術の応用，組み合わせ，発展が燃焼前回収の将来を大きく左右していくこととなろう。

文　　献

1) M. V. Bush et al., Environmental Characterization of the Shell Coal Gasification Process, 15th Biannual Low-rank Fuels Symposium, May. 1989
2) J. Ciferno et al., DOE/NETL Carbon Dioxide Capture and Storage RD&D Roadmap, Page 31, Dec. 2010

第6章 膜 法

甲斐照彦[*1]，風間伸吾[*2]

1 膜分離技術の概要

　CCSのための膜分離において，分離対象は大きくCO_2/N_2（燃焼排ガスからのCO_2分離回収），CO_2/CH_4（天然ガスからのCO_2分離回収），CO_2/H_2（石炭ガス化複合発電（IGCC）からのCO_2分離回収）の3つに分けられる。燃焼排ガスを分離対象とする場合，膜分離に要するコストは，その半分以上が膜に圧力差を設けるための真空ポンプ動力である。また，圧力差が最大でも1気圧であるためCO_2回収に必要となる膜面積が膨大になり，分離膜と配管のコストを押し上げている。一方，圧力を有するガス源からCO_2を分離する場合には，新たに差圧を設けるための動力が不要となり，さらに圧力差を大きく取れることから必要な膜面積が減少するので，大幅なコスト削減の可能性がある。このようなガス源として，高効率発電システムとして開発が進められている石炭ガス化複合発電（IGCC）や天然ガスからのCO_2分離回収等がある。図1に，ガス化炉と水性ガスシフト反応炉を用いて，石炭やバイオマスから水素を製造するプラントの概念図を示す。図1において，石炭やバイオマスはガス化炉で合成ガスとなり，引き続く水性ガスシフト反応炉でH_2とCO_2となる。石炭を原料とした場合，水性ガスシフト反応後のガス性状は，例え

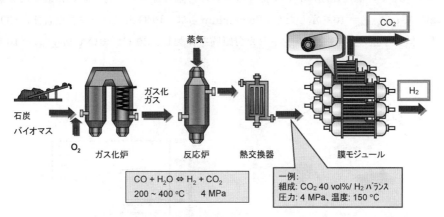

図1　ガス化炉と水性ガスシフト反応炉を用いる石炭，バイオマスからの水素製造

[*1] Teruhiko Kai　㈶地球環境産業技術研究機構　化学研究グループ　主任研究員
[*2] Shingo Kazama　㈶地球環境産業技術研究機構　化学研究グループ　グループリーダー・主席研究員

ば，圧力：約2〜4MPa，CO_2濃度：約40％，H_2濃度：約60％である[1]。

ここでは，地球温暖化対策技術としてのCO_2分離回収に用いるCO_2分離膜研究開発の国際動向に関して，地球環境産業技術研究機構（RITE）の研究成果を交えて述べる。

2　CO_2分離膜研究開発の国際動向

2.1　高分子膜

CO_2/CH_4，CO_2/N_2分離に関するCO_2選択高分子膜の研究については，これまでに多くの研究報告が行われている。一方，分子サイズの大きなCO_2を分子サイズの小さなH_2よりも選択的に透過する高分子膜は比較的少ない。

CO_2/CH_4からCO_2を選択的に透過する高分子膜材料としては，酢酸セルロース膜，ポリイミド膜などのガラス状高分子膜が既に実用化されている。しかし問題点として，CO_2分圧が高くなると可塑化によりCO_2/CH_4分離性能が大きく低下する。Korosらは，ポリイミドを架橋させることによって耐可塑化性を大きく向上させた（図2）[2]。

CO_2に対する物理的な親和性の高いポリエチレングリコール（PEG）系の材料はCO_2分離膜材料として期待されていたが，PEG単独では結晶化してしまい高い透過性が得られなかった。Freemanらは，PEGの結晶化を防ぐ目的で架橋型PEG膜の開発を行った。この分離膜ではCO_2とPEGの親和性で高いCO_2/H_2溶解選択性を得ることで，CO_2/H_2分離係数が35℃で10程度，−20℃で25程度を得ている（図3）[3]。Wesslingらは，PEG系ブロック共重合体膜を作製して，−5〜75℃の温度範囲において様々なガスの分離性能測定を行った。作製した分離膜は35℃において$\alpha_{CO2/H2}=10$を示した[4]。Peinemannらは，PEG系ブロック共重合体にCO_2親和性を有する低分子量のPEGをブレンドした分離膜を作製し，30℃において$\alpha_{CO2/H2}=10.8$を得た[5]。

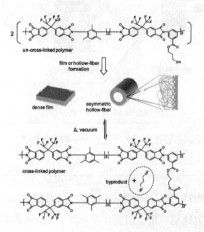
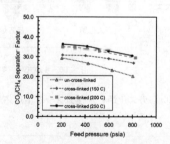

Figure 14. Effect of cross-linking temperature on CO_2/CH_4 separation factor using a mixed gas feed with 50% CO_2. The test temperature was 35 ℃ with atmospheric permeate pressure.

図2　ポリイミドの架橋による耐可塑化性の向上[2]

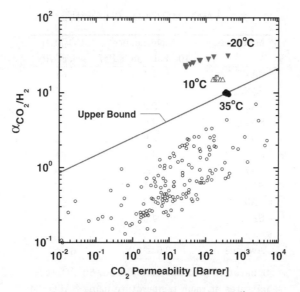

図3　架橋型PEG膜のCO$_2$/H$_2$分離性能[3]

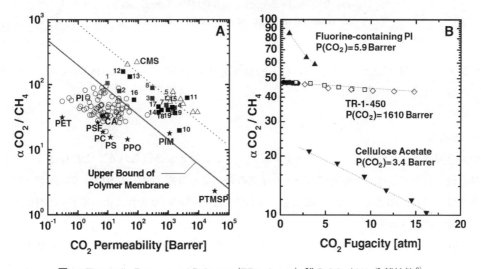

図4　Thermally Rearranged Polymer (TR polymer) 膜のCO$_2$/CH$_4$分離性能[6]

　Thermally Rearranged Polymer (TR polymer) 膜は，熱処理によって高分子鎖間隙が分子サイズに制御された新しいタイプの高分子膜である。耐可塑化性が高く，高圧条件でも高いCO$_2$/CH$_4$分離性能を維持できる（図4）[6]。同様の膜としてCO$_2$親和性を有するMOP (Microporous organic polymers) 膜が高いCO$_2$分離性能を示すことが報告された[7]。

　分離膜を用いた燃焼排ガスからのCO$_2$分離においては，膜間のCO$_2$分圧差が小さいため，システムコスト及び設置面積を下げる観点から特にCO$_2$透過性が重要である。MTRのMerkelらは，低エネルギーでCO$_2$分圧差を生じさせるために燃焼空気をスウィープガスとして使用する新

表1 SAPO-34膜のCO_2/CH_4分離性能[9]

Membrane	CO_2 permeance $\times 10^7$ mol/(m^2 s Pa)	CO_2/CH_4 selectivity
SA1	2.4	61
SA2	3.2	67
SA3	3.3	56
SA4	2.6	53
SA5	2.6	43
SA6	4.6	64
SA7	3.2	60
SA8	5.5	67
SA9	5.2	57
SA10	4.5	66
Average	3.6±1.2	60±8

Separation performance of a 50/50 CO_2/CH_4 mixtures at room temperature using SAPO-34 membranes on Al_2O_3 supports with 100-nm pores. The feed pressure was 4.6 MPa. Templates were removed in stagnant air at 673 K for 4h.

しいシステムを提案した．また，高いCO_2透過性を有する膜モジュール（Polaris^{TM}膜）を開発している[8]．

2.2 無機膜

CO_2選択透過性無機膜としてゼオライト膜，カーボン膜等が挙げられる．これらは分子サイズの細孔径を有しており，分離機構は分子サイズの差による分離（分子ふるい）であるが，CO_2の場合には，それに加えて，CO_2の細孔との親和性による選択的吸着性によってN_2やCH_4に対して高い分離性能を示す．

Nobleらは，ゼオライトの1種であるSAPO-34膜が高いCO_2/CH_4分離性能を示すことを明らかにした（表1）[9]．Baeらは，MOF粒子ZIF-90を高分子マトリックス中に担持した有機無機複合膜を作製し，高いCO_2/CH_4分離性能を得た[10]．

なお，無機膜のCO_2分離機構は分子ふるい性の寄与が大きいため，CO_2/CH_4，CO_2/N_2に対して高い分離係数が得られるが，CO_2/H_2に対しては高い分離係数は得られない．

2.3 イオン液体膜

イオン液体は，高温でも蒸気圧が無視できる程度に低いこと，及び高温での安定性が高いことが特長であり，近年そのCO_2分離膜としての可能性が検討されるようになってきている．Nobleらは，イオン液体を高分子化した分離膜を作製して，CO_2/N_2，CO_2/CH_4などの分離性能評価

第6章 膜 法

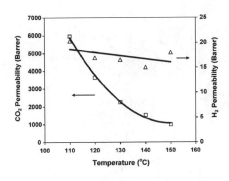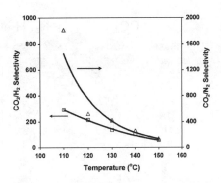

図5 ポリビニルアルコール（PVA）中にアミンを混合した促進輸送膜のCO_2/H_2分離性能[14]

を行っている[11]。Myersらは，アミノ基を有するイオン液体を用いてCO_2/H_2分離性能を検討した[12]。$\alpha_{CO2/H2}$は85℃で最大値15であった。Matsuyamaらは，アミノ基を有するイオン液体を用いてCO_2/CH_4分離性能を検討した。作製した膜は260日の長期分離実験においてほぼ一定の膜性能を維持した（$\alpha_{CO2/CH4}$＝約60）[13]。

2.4 促進輸送膜

促進輸送膜は，CO_2に対して化学的な親和性のある種々のアミンやアルカリ金属炭酸塩を単独あるいは高分子マトリックス中に担持させた分離膜である。促進輸送膜の分離係数は低CO_2分圧では非常に高いが，CO_2分圧の増加と共に大きく低下するため，高圧条件であるCO_2分離回収型IGCCプロセスには適さない。

Hoらは，ポリビニルアルコール（PVA）中にアミンを混合した促進輸送膜を開発した（図5）[14]。100℃以上における分離性能を評価し，300（110℃），100（150℃）という高い$\alpha_{CO2/H2}$を得た。Matsuyamaらは，ポリビニルアルコール／ポリアクリル酸（PVA/PAA）共重合体の中に，ジアミノプロピオン酸や炭酸セシウムを担持した構造の促進輸送膜を作製し，160℃までの高温でのCO_2/H_2分離性能を評価した[15]。作製した分離膜は160℃において$\alpha_{CO2/H2}$＝432を示した。Häggらは，CO_2/N_2分離を目的としてポリビニルアミン（PVAm）とポリビニルアルコール（PVA）のブレンド膜を作製した。ポルスルホン（PSf）支持体上に膜厚0.3μmのPVAm/PVA薄膜を形成させた[16]。

3 分子ゲート膜

RITEにおいては，CO_2分離回収型IGCCプロセスへの適用を目的として，CO_2分子ゲート膜の開発を行っている。CO_2分子ゲート膜の概念図を図6に示す。膜中に取り込まれたCO_2が膜材料間隙に擬似架橋を形成し，他のガスの透過を遮断するというコンセプトである。このため，既存の高分子膜に比べ非常に高いCO_2選択性を得ることが可能となる。

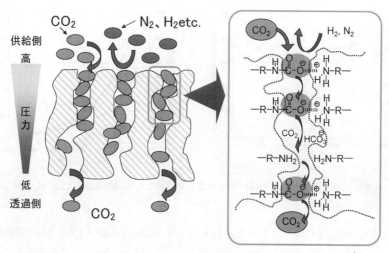

図6 CO_2分子ゲート膜の概念図

　RITEでは，分子ゲート膜の膜材料として，高密度のアミノ基を有するデンドリマー（中心から規則的に分岐した構造を持つ樹状高分子）に注目して検討を行っている。ポリアミドアミン（PAMAM）デンドリマーが高いCO_2/N_2分離性能を有することはSirkarらによって初めて報告されたが，これは液状物質であるPAMAMを多孔性支持膜中に担持した液膜であり，IGCCプロセスに適用できる耐圧性のある膜ではなかった[17]。一方，RITEでは，燃焼排ガスからのCO_2分離回収（圧力差：0.1 MPa），高圧でのCO_2/H_2分離プロセス（圧力差：2〜4 MPa）への適用を目的とした耐圧性デンドリマー複合膜の開発を行っている。燃焼排ガスからのCO_2分離回収を目的とした検討では，In situ modification法を用いて市販の限外濾過膜（1mモジュール）に分離機能層を膜欠陥無く形成させ，実用的なスケールの膜モジュールの作製に成功している（図7）[18,19]。高圧におけるCO_2/H_2分離のための膜開発では，PEG系及びPVA系の高分子材料と組み合わせることで，高圧においても$\alpha_{CO2/H2}=30$を示すデンドリマー複合膜の開発に成功している（図8）[20,21]。また，デンドリマーの改良により既存のデンドリマー膜よりも高いCO_2/H_2，CO_2/N_2分離性能が発現することを見出した[22]。

　CO_2パーミアンスが$7.5\times10^{-10}m^3(STP)/(m^2 s Pa)$，$CO_2/H_2$分離係数が30である膜モジュールを開発すれば，圧力が4MPaのCO_2とH_2の混合ガス（CO_2：40％，H_2：60％）から，分離コスト1,500円/t-CO_2程度でCO_2を分離できる。さらに，CO_2パーミアンスが$7.5\times10^{-10}m^3(STP)/(m^2 s Pa)$，$CO_2/H_2$分離係数が100以上である膜モジュールを開発すれば，分離コスト1,000円/t-CO_2以下でCO_2を分離することが可能となる。平成23年2月に次世代型膜モジュール技術研究組合が設立され，分子ゲート膜モジュール及び膜分離システムの開発を推進している。

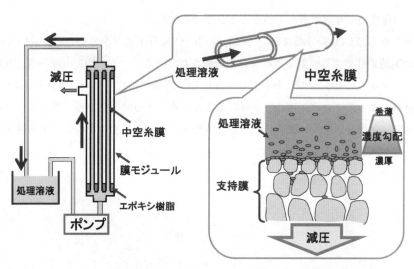

図7 *In situ* modification 法による分子ゲート膜モジュールの作製[18, 19]

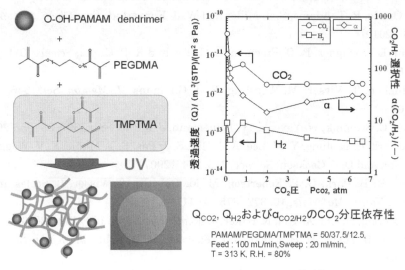

図8 高圧用分子ゲート膜のCO_2/H_2分離性能[20, 21]

4 まとめと今後の展望

最近のCO_2分離膜に関する研究を総括すると，高分子材料としては種々のPEG系高分子膜を用いた研究，及びTR polymer，MOPといったマイクロポーラス高分子膜の研究が進められている。イオン液体膜については，アミノ基を賦与する新規イオン液体の開発やその高分子化に関する研究等が行われている。無機膜に関しては，無機材料単独からなる無機膜開発と同時に，高分子膜の分離性能向上を目的とした無機粒子を高分子膜に添加した有機／無機複合膜の開発が盛んである。促進輸送膜に関しては，新規促進輸送膜の開発と共に，従来よりも高温である100℃以

上における分離性能の検討が増えていることが注目される。

　燃焼排ガスからのCO_2膜分離においては，膜間のCO_2分圧差が小さいため，高い分離係数よりも高いCO_2透過性がより重要であることが指摘されている。一方，CO_2分離回収型IGCCプロセスや天然ガスからのCO_2分離においては，高いCO_2透過性と共に高い分離係数が有効である。また，膜材料によってプロセス適合性が異なることも考慮する必要がある。従って，分離膜材料開発と併せて，分離システムに要求される膜性能やプロセス適合性などのシステム検討を同時に検討することが大変重要である。

文　　献

1) 風間伸吾, 松井誉敏, 気体分離膜材料・二酸化炭素分離, 永井一清監修『気体分離膜・透過膜・バリア膜の最新技術』, シーエムシー出版, pp. 60-70, 291-300 (2007)
2) I. C. Omole, R. T. Adams, S. J. Miller and W. J. Koros, *Ind. Eng. Chem. Res.*, **49**, 4887-4896 (2010)
3) H. Lin, E.V. Wagner, B. D. Freeman, L. G. Toy and R. P. Gupta, *Science*, **311**, 639-642 (2006)
4) D. Husken, T. Visser, M. Wessling, R. J. Gaymans, *J. Membr. Sci.*, **346**, 194-201 (2010)
5) A. Car, C. Stropnik, W. Yave, K.-V. Peinemann, *J. Membr. Sci.*, **307**, 88-95 (2008)
6) H. B. Park, C. H. Jung, Y. M. Lee, A. J. Hill, S. J. Pas, S. T. Mudie, E. V. Wagner, B. D. Freeman and D. J. Cookson, *Science*, **318**, 254 (2007)
7) N. Du, H. B. Park, G. P. Robertson, M. M. Dal-Cin, T. Visser, L. Scoles and M. D. Guiver, *Nature Materials*, **10**, 372-375 (2011)
8) T. C. Merkel, H. Lin, X. Wei, R. Baker, *J. Membr. Sci.*, **359**, 126-139 (2010)
9) Y. Zhang, B. Tokay, H. H. Funke, J. L. Falconer, R. D. Noble, *J. Membr. Sci.*, **363**, 29-35 (2010)
10) T.-H. Bae, J. S. Lee, W. Qiu, W. J. Koros, C. W. Jones and S. Nair, *Angew. Chem. Int. Ed.*, **49**, 9863-9866 (2010)
11) J. E. Bara, S. Lessmann, C. J. Gabriel, E. S. Hatakeyama, R. D. Noble and D. L. Gin, *Ind. Eng. Chem. Res.*, **46**, 5397-5404 (2007)
12) C. Myers, H. Pennline, D. Luebke, J. Ilconich, J. K. Dixon, E. J. Maginn, J. F. Brennecke, *J. Membr. Sci.*, **322**, 28-31 (2008)
13) S. Hanioka, T. Maruyama, T. Sotani, M. Teramoto, H. Matsuyama, K. Nakashima, M. Hanaki, F. Kubota, M. Goto, *J. Membr. Sci.*, **314**, 1-4 (2008)
14) J. Zou, W. S. W. Ho, *J. Membr. Sci.*, **286**, 310-321 (2006)
15) R. Yegani, H. Hirozawa, M. Teramoto, H. Himei, O. Okada, T. Takigawa, N. Ohmura, N. Matsumiya and, H. Matsuyama, *J. Membr. Sci.*, **291**, 157-164 (2007)

第6章 膜 法

16) M. Sandru, S. H. Haukebø, M.-B. Hägg, *J. Membr. Sci.*, **346**, 172-186 (2010)
17) A. S. Kovvali, H. Chen and K. K. Sirkar, *JACS*, **122**, 7594-7595 (2000)
18) S. Duan, T. Kouketsu, S. Kazama, K. Yamada, *J. Membr. Sci.*, **283**, 2-6 (2006)
19) T. Kai, T. Kouketsu, S. Duan, S. Kazama, K. Yamada, *Sep. Purif. Tech.*, **63**, 524-530 (2008)
20) I. Taniguchi, S. Duan, S. Kazama, Y. Fujioka, *J. Membr. Sci.*, **322**, 277-280 (2008)
21) T. Kai, S. Duan, I. Taniguchi, S. Kazama, Proceedings of ICOM2011, ICOM443 (2011)
22) S. Duan, F.A. Chowdhury, T. Kai, S. Kazama, Y. Fujioka, *Desalination*, **234**, 278-285 (2008)

第7章　吸着法

余語克則*

1　はじめに

　CO_2の吸着分離法はこれまでにも一部実用化されている技術であり，大規模発生源からのCO_2の分離回収法として検討されている技術の一つでもあるが[1]，さらなる分離エネルギーの低減とともに装置のコンパクト化が必要とされている[2,3]。装置の起動停止や運転が簡単なことや，廃液処理が不要なことは大きなメリットであり，化学的に安定で高性能な吸着剤が開発されれば大幅なコスト低減・省エネも可能である。ここでは，吸着法の概説と国内外での最近の動向に加えて，我々が現在取り組んでいる省エネルギー型の新しいCO_2吸着分離法の研究開発への取り組みについて紹介する。

2　吸着分離法の概要

2.1　吸着分離とは

　吸着分離法とは気体や液体中のある特定の成分を多孔質固体（吸着剤）に吸着させて，その成分の分離，濃縮，除去，回収などを行う方法のことを言う。吸着現象にはファンデルワールス力による弱い物理吸着と化学結合をともなう強い化学吸着があり（表1），前者の物理吸着ではCO_2の吸着剤としてゼオライトや活性炭が用いられる。物理吸着を利用した分離法では，吸着時と温度や圧力を変化させることにより吸着した物質を脱離し再生することで，繰り返し使用が可能になる。一方，化学吸着用としては，アミンを担持した無機多孔体，ハイドロタルサイト，酸

表1　物理吸着と化学吸着

種　類	物理吸着	化学吸着
結合力	van der Waals	化学結合（電子移動）
温　度	低温にて吸着量大	比較的高い温度で起こる
被吸着質	選択性小	選択性大
吸着熱	小（8～20 kJmol^{-1}） （吸着質の凝縮熱と同程度）	大（40～800 kJmol^{-1}） （反応熱と同程度）
可逆性	可逆性	非可逆の場合あり
吸着速度	大	小（活性化エネルギーを要する）

*　Katsunori Yogo　㈶地球環境産業技術研究機構　化学研究グループ　主任研究員

第7章　吸着法

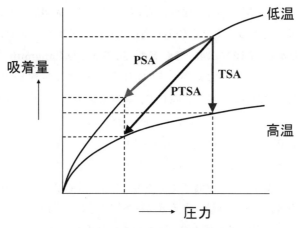

図1　PSA，TSAの脱着原理

化カルシウム，リチウムシリケートなどが知られている[4]。化学吸着剤は物理吸着剤と比較して高温で使用することが多いが，水酸化リチウムや酸化銀など，宇宙空間用など特殊用途で用いるものは再生が困難な場合が多く，使い捨てを前提として低温で使用する場合もある。

2.2　物理吸着法によるCO_2分離回収技術

物理吸着によるCO_2分離回収はゼオライトなどCO_2をファンデルワールス力による比較的弱い相互作用により，他のガスよりも選択的に吸着する吸着剤にCO_2を吸着させたのち，吸着したCO_2を脱離させて濃縮されたCO_2を分離回収する技術である。CO_2を吸着—脱離させる方法としては圧力をスイングさせるPSA法（Pressure Swing Adsorption：圧力スイング法）すなわち特定のガスを吸着剤に吸着させることで吸着剤に吸着されない成分との分離・濃縮操作を行い，減圧して脱離させる方法と，脱離手段として温度差を利用するTSA法（Thermal Swing Adsorption：温度スイング法）があるが，サイクルタイムを短くできることから，酸素—窒素の分離，水素精製など実用上はPSA法が普及している。また，図1に示すように，PSAとTSAを組み合わせたPTSA法（Pressure and Temperature Swing Adsorprion：圧力温度スイング式吸着法）も検討されている[5]。PTSA法は脱着時に吸着剤を加熱することで，吸着剤の再生能力が増し，かつ減圧に要する動力（主として真空ポンプ動力）の低減も可能となることから，熱源として火力発電所内の未利用エネルギーなどを利用できれば，経済的に優れたシステムとなることが期待されている。

2.3　現行の吸着分離法の課題[6]

従来の物理吸着法では吸着剤として用いられるゼオライトのCO_2吸着量が水蒸気共存下では著しく減少することから，吸着分離操作の前処理として排ガス中の水蒸気を分離除去し，その後段でCO_2を吸着分離する方法が一般的である。この場合，CO_2分離回収エネルギーのうち約30％

は除湿に消費される[2]。従来型のCO_2物理吸着法ではゼオライト系吸着剤および活性炭が使用あるいは検討されている。それらの中でもCO_2吸着能力に関してはゼオライト13Xが優れているとされている[7,8]。しかし，図2に示すようにX型ゼオライトはLangmuir型のCO_2吸着特性を示し，火力発電所排ガスのCO_2濃度に対応するCO_2圧力10～15 kPa程度の低いCO_2分圧で高いCO_2の吸着量が得られる代わりに，脱着に際して，真空ポンプによる減圧（PSA）あるいは加熱（TSA）操作が必要であり，多大なエネルギーを必要とする。

またCO_2の吸着量は0℃では3 mol kg^{-1}と大きいが，排ガス温度に対応する60～100℃では十分な量に達しているとは言えない[9]。この温度領域で吸着量の増大が達成されるならば，装置のコンパクト化が可能である。また吸着法では省エネルギー化に加え，装置のコンパクト化も重要な課題であることを考えると，今後，水蒸気共存条件でもCO_2分離を行うことができ，さらに従来の13XのCO_2吸着量を超える可能性のある材料を検討すべきであろう。例えば，図3に示す

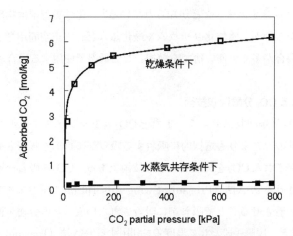

図2　ゼオライト13XのCO_2吸着等温線（313 K）
□：乾燥条件下，■：水蒸気共存条件下

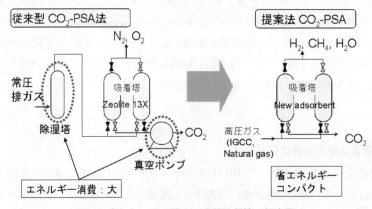

図3　省エネルギー型CO_2吸着分離法の概念図

ように，水蒸気共存下でもCO_2の吸着分離が可能な耐水蒸気型化学吸着剤を開発できれば，これを吸着分離装置（PTSA法等）に充填して利用することで，前処理としての水蒸気の除去を不要にし，CO_2分離回収エネルギーの低減およびプロセスの簡便化を図ることが可能である。また，このような吸着剤は排ガス中からのCO_2分離回収以外にも，医療分野，宇宙ステーション，あるいは電気化学分野等で，種々の閉鎖空間からのCO_2の除去に利用できる可能性がある。

3 吸着分離法開発の最新国際動向

日本と欧州では高炉から発生するCO_2を大幅削減するプロジェクトの一環として吸着分離技術が検討されている。一方，米国では石炭火力発電所からのCO_2回収技術として固体吸収剤による吸着分離が検討されている。

3.1 ULCOSプロジェクト[10]

欧州ではArcelorMittalやThyssenKruppなど48の企業，研究機関が参加する"ULCOS (Ultra Low CO_2 Steelmaking)"プロジェクトのなかでCO_2分離回収技術として吸着分離法が検討されている。ULCOSはいくつかのサブプロジェクトで構成されているが，中心は酸素吹きのCO_2循環型の新型高炉の開発である。新型炉では排出ガス中のCO_2濃度が高いため，CO_2濃度が高い場合に有効である吸着法が検討されている。ULCOSプロジェクトは第1ステップが2004～2009年，第2ステップ2009～2014年，第3ステップとして2015～2020年が計画されている。

3.2 COURSE50プロジェクト[11]

一方，わが国では新エネルギー・産業技術総合開発機構（NEDO）の「環境調和型製鉄プロセス技術開発」の中で，製鉄メーカを中心に"COURSE50（CO_2 Ultimate Reduction in Steelmaking process by innovative technologies for Cool Earth 50）"プロジェクトが推進されている。プロジェクトの中でCO_2吸収液の開発と平行して，CO_2の吸着分離プロセスの開発が実施されている。簡易なシステムであり，かつ低エネルギーでCO_2を分離・回収可能であるという観点から物理吸着法が検討されている。吸着分離法はこれまでに製鉄所の熱風炉排ガスからのCO_2除去等の実績があるが，高炉ガスからのCO_2分離・回収や大規模なガス処理へ適用するのは日本初の試みとのことで，本プロジェクトを担当するJFEは処理能力3トン/日のベンチ試験装置（ASCOA-3：Advanced Separation system by Carbon Oxides Adsorption）を建設し，実ガスからのCO_2分離性能を評価するとともに，ガス前処理方法やコスト削減方法の検討を進めている。ゼオライト系のCO_2吸着剤を用いて，すでにCO_2回収率80％以上，回収CO_2濃度90％以上を達成している。今後さらなる低エネルギー化，スケールアップ技術に向けた様々な開発に取り組む予定とのことであり，今後の展開に期待したい。

3.3 米国NETL固体吸収材プロジェクト[12]

　CO_2の分離回収技術としてはこれまで化学吸収法を中心に実証試験や商業規模の事業検討が進められているが，加熱再生エネルギーの低減が課題である。米国ではこれまでにDOEのNETL（National Energy Technology Laboratory）がアミンを粘土鉱物等に担持した固体吸収材を開発している。アミンを水溶液として用いる化学吸収法と異なり，CO_2解離に伴う蒸気エネルギー損失が無視できるためCO_2分離回収エネルギー低減の可能性がある。2011年にR&D Magazineから革新的な技術に授与されるR&D 100 Awardを受賞している。彼らの試算によるとこの固体吸収材を移動床あるいは流動床での吸着分離に適用すると分離回収エネルギーが1.8 GJ/t-CO_2にまで低減できるとしているが，試算の詳細は不明であり今後検証が必要である。すでに2010年度に15億円を投じてAEA-ESにおいて1 kW pilot plantの試験を実施している。今後，さらに大規模試験を予定しており，1 MW，>30 MWの実証試験を経て，2020年には商業化を目指すとしている。

　我が国でも平成22年度から経産省委託事業「二酸化炭素回収技術高度化事業」として，CO_2高効率回収・低エネルギー消費の固体吸収材の開発を開始した。NETLとの技術交流を通じてRITEの化学吸収液技術を発展させた新規な固体吸収材の開発を目指している。

4　RITEにおける新規CO_2吸着分離技術開発

　以下に，我々が現在取り組んでいる省エネルギー型の新しいCO_2吸着分離法の研究開発への取り組みについて紹介する。

4.1　アミン修飾メソ多孔体の耐水蒸気型CO_2吸着材としての適用

　これまでに我々はメソ細孔シリカの表面へアミノ基を化学修飾し，CO_2との親和性を向上させた「耐水蒸気型吸着剤」を開発している（NEDO先導研究「省エネルギー型二酸化炭素分離回収技術の開発」平成13～15年）。メソ多孔体は細孔径が2～50 nm程度の多孔体であり，マイクロポーラス物質と比較して大きな細孔径と細孔容積を有しているため，比較的大きな分子を多量に細孔内に導入できる可能性がある。すなわち，細孔内を化学修飾する場合，マイクロポーラス物質に比べその自由度が大きい。このような材料を利用するメリットとして耐水蒸気性によるプロセスの簡略化と省エネルギー化以外にも，アミンの固体表面への固定化による吸収質の放散防止やハンドリングの容易性などが期待できる（図4）。また，担体はシリカ以外にも，硫化物，リン酸塩，カーボンなど種々の組成や細孔構造の異なる物質の合成が可能であり，表面を多様な官能基で修飾，ハイブリッド化が可能である。このように材料設計の自由度が高く，従来にない高いガス吸着・脱離性能の発現を可能とする材料の創出が期待できる。

　その中で，グラフト法によりアミンを高密度に修飾したメソ多孔体は水蒸気共存下においても高いCO_2吸着性能を有することを明らかとしている。これは，アミンのペアサイトがカルバメー

第7章 吸着法

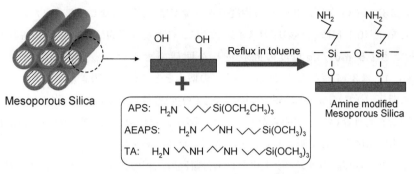

図4 メソ多孔体の表面修飾によるCO₂吸着剤調製

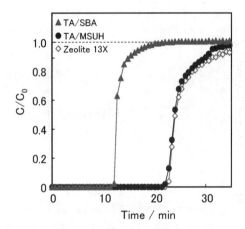

図5 アミン修飾メソ多孔体の CO_2 吸着破過曲線（333 K）
ガス組成：CO_2(15%)-H_2O(12%)-N_2 (TA/MSUH, TA/SBA)
CO_2(15%)-N_2 (Zeolite 13X)

トを形成することでCO_2を吸着するためであり，この反応は60℃以上では共存水蒸気の影響を受けない。特にトリアミンを担持したMSU-H（TA/MSUH）は水蒸気共存下でゼオライト13Xの水蒸気非共存下でのCO_2吸着と同等のCO_2吸着性能を示すことを見出している（図5)[13]。この除湿工程の省略／簡略化が達成されるならば，装置のコンパクト化が可能である。現在，安価で簡便な（有機）吸収剤－無機ハイブリッド材料の合成・修飾方法について検討を行うとともに，吸収剤の安定性や共存被毒物質の影響についても検討中である。

4.2 高圧ガスからのCO_2分離用吸着剤

常圧ガスからのCO_2分離に用いられる前述の吸着剤はCO_2吸着能力に優れるが，脱着に際しての真空ポンプによる減圧操作や加熱が必要である。そこで最近，我々は高圧でのCO_2吸着量が多く，また共存水蒸気の影響を受けない新しい吸着剤を開発しており，現在本吸着剤を利用した高圧ガスからのCO_2吸着分離プロセスの実現可能性の評価を実施中である。図2に示したように，

ゼオライト 13X は CO_2 分圧が 300 kPa 程度で吸着量がほぼ飽和に達してしまうため,高圧(1.6 MPa)から常圧(0.1 MPa)への圧力スイングでは,CO_2 を効率的に回収することはできず,乾燥条件下でも 1.5 mol/kg 程度の回収量しか期待できないが,新規に開発した吸着剤(RITEsorb-1)は 3 MPa 程度までは CO_2 分圧の増大とともに CO_2 吸着量が増大し,高圧(1.6 MPa)から常圧(0.1 MPa)への圧力変動による CO_2 吸着量差が非常に大きく,また,ほとんど水蒸気の影響を受けないことが明らかとなった(図6)。高圧ガスに本吸着剤を用いた PSA 法を適用すると常圧に戻すだけで吸着した CO_2 が回収できるため,真空ポンプおよび除湿プロセスが不要となることから装置のコンパクト化と CO_2 分離回収工程の大幅なコスト低減が期待できる。

これまでに実際に CO_2/N_2 および CO_2/H_2 流通混合ガスから CO_2 を高選択的に分離可能なこと

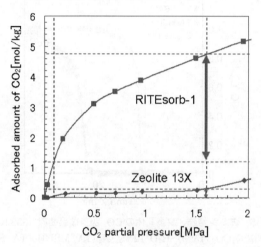

図6　ゼオライト 13X と RITEsorb-1 の水蒸気共存条件下での CO_2 吸着挙動(313K)

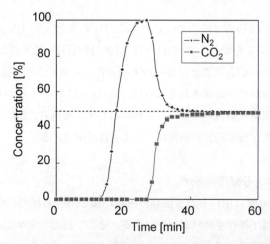

図7　RITEsorb-1 の水蒸気共存条件下での CO_2 吸着破過曲線
(全圧 1.6 MPa,$CO_2:N_2$＝50:50,313K)

を確認した（図7）[14]。そこで今後，小型の2塔式連続吸着分離試験装置を用いてプロセスの有効性を実証する予定である。

5 今後の展望

吸収法はすでに商用技術として確立されており，一系列での処理のためスケールメリットが得られ大容量に適するが，背の高い吸収塔，再生塔を必要とし，運転も手間がかかる。一方，小型設備の場合はPSAの方がコンパクトで使いやすく，スリップアミンのトラップ等の後処理システムが不要であるというメリットがある。特に，化学的に安定な材料を吸着剤として用いれば，排ガス中に新たな環境影響懸念物質が混入する恐れがないことや廃液処理が不要なことは，そもそも地球環境を保全するための技術であるという観点から，他の分離技術と比較して大きな利点であると言える。今後開発を進め，CO_2分離回収工程の大幅なコスト低減（$1.5\,GJ/t\text{-}CO_2$以下）を目指したい。

また，最近になって，これまでに培って来たCO_2吸着分離技術は，大規模貯留以外にも種々の閉鎖系空間におけるCO_2の除去など，省エネにつながる種々の応用ニーズがあることが判ってきた。現在これらの適用可能性についても検討を行っている。

文 献

1) 川井利長編，"炭酸ガス回収技術"，NTS（1991）など
2) 新エネルギー・産業技術総合開発機構，平成13年度調査報告書，51401158-0，"地球温暖化対策技術開発に関する調査／CO_2の分離・回収技術に関する調査研究"（株式会社三菱総合研究所，財団法人 地球環境産業技術研究機構）（2002）
3) H. Ohta, S. Umeda, M. Tajika, M. Nishimura, M. Yamada, A. Yasutake and J. Izumi, *International Journal of Global Energy Issues*, **11**, 203（1998）
4) S. Choi, J. H. Drese, C. W. Jones, *ChemSusChem*, **2**, 796（2009）
5) 安武昭典, *PETROTECH*, **26**（3），186（2003）
6) 余語克則，日吉範人，"吸着技術"，CO_2固定化・削減有効利用の最新技術，湯川英明編，シーエムシー出版, p65（2004）
7) D. W. Breck, "Zeolite Molecular Sieves", John Wiley & Sons（1974）
8) T. Inui, Y. Okugawa and M. Yasuda, *Ind. Eng. Chem. Res.*, **27**, 1103（1988）
9) J.-S. Lee, J.-H. Kim, J.-T. Kim, J.-K. Suh, J.-M. Lee and C.-H. Lee, *J. Chem. Eng. Data*, **47**, 1237（2002）
10) http://www.ulcos.org/en/
11) http://www.jisf.or.jp/course50/tecnology02/

12) http://www.netl.doe.gov/technologies/coalpower/ewr/co2/post-combustion/solid-sorbent.html
13) N. Hiyoshi, K. Yogo and T. Yashima, *Chemistry Letters*, **37** (12), 1266 (2008)
14) K. Yogo, T. Watabe, Y. Fujioka, Y. Matsukuma, M. Minemoto, *Energy Procedia*, **4**, 803 (2011)

第8章　酸素燃焼法

氣駕尚志*

1　概要

　石炭火力での酸素燃焼法の適用は，空気から分離した酸素を用いて石炭を燃焼するもので，燃焼排ガスはCO_2とH_2Oが主成分となるため，そのまま冷却および圧縮しつつ水分や非凝縮性ガスを取り除くことで，CO_2を回収することができる。我が国では，世界的に早い段階から国家プロジェクトとして本技術の開発に取り組み，現在，日豪共同のCCSプロジェクトとして，カライド（Callide）酸素燃焼プロジェクトを進めている。世界各国で，今後，中規模実証が予定されており，その成果を基に早期の商用化が望まれる。

2　酸素燃焼法の概要

　微粉炭火力の排ガスに含まれるCO_2の濃度は，図1に示すように，空気中に約79％含まれる窒素（N_2）などのため15％程度にすぎない。したがって，排ガスからのCO_2の回収固定化を考えた場合，ダーティーな排ガスからのCO_2の分離回収に関する技術開発が必要となってくる。これに対し，酸素燃焼を適用した微粉炭火力発電システムは，空気から分離した酸素（O_2）のみを用いて石炭を燃焼する。これにより，燃焼により発生する排ガスはCO_2とH_2Oが主成分となり，排ガス中のCO_2濃度を理論的には90dry％以上まで高めることができる。また排ガス量は空気燃焼に比べ，空気中の窒素（N_2）がない分，1/4～1/5の量となる。それをそのまま冷却および圧縮しつつ排ガス中の水分や非凝縮性ガスを取り除くことで，CO_2を回収する方法が，酸素燃焼によるCO_2回収システムである。

　図2に，酸素燃焼技術を利用した発電システムからのCO_2回収および貯留の全体システムを示す。酸素燃焼技術を用いたCCSは，既存技術の組み合わせにより新規開発要素が少なく，ボイラメーカーとしてのノウハウを活かすことが出来る。この技術を発電システムへ適用するステップとして，まずは既存微粉炭石炭焚きボイラ技術の利用を念頭に，空気燃焼と同等の伝熱性能を確保するために，発生した排ガスを再循環しO_2と混合するシステムとしている。CO_2地下貯留においては，発電所内で一時貯蔵されたCO_2が，輸送され，貯留サイトにて昇圧，地下の貯留層へ注入されるものである。

　酸素燃焼ボイラシステムの特長を，以下にまとめる。

---

　*　Takashi Kiga　㈱IHI　電力事業部スタッフグループ　部長

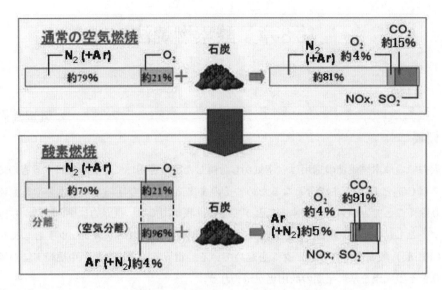

図1　酸素燃焼によるCO$_2$回収の原理

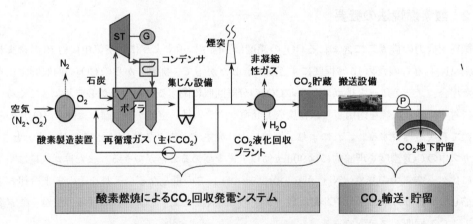

図2　酸素燃焼を用いたCO$_2$回収・貯留全体システム

① 空気燃焼のように排ガス中の低濃度のCO$_2$を分離する必要がない。
② 排ガス量が空気燃焼の約1/5と少なくなるため,排ガス再循環以降のガス処理系統がコンパクトとなる。
③ 排ガスが再循環されることにより,排ガスに含まれる窒素酸化物がリバーニング効果で大幅に低減する。
④ 酸素富化により,燃焼改善が期待できる。また新設ボイラでは,ボイラのコンパクト化が図れる。

本酸素燃焼技術の開発については,我が国では世界的にも早く1980年代の末から検討が開始され,基礎的な燃焼に関わる検討[1,2],パイロット設備を利用し燃焼および伝熱特性確認のため

の各種燃焼試験[3]，バーナやボイラ火炉の燃焼流動解析[4]，実機を想定した発電システム構成や経済性の検討[5,6]を実施してきている。特に，1990年代には国家プロジェクトとして研究開発が進められ，実証プロジェクトに対して有用な結果が得られたとともに，後に述べる日豪両政府による共同プロジェクトに結びついた。

3 世界の酸素燃焼システムの開発動向

本システムは，将来の石炭火力発電所からの CO_2 回収のための重要なオプション技術として現在世界的に注目を集めており，各国で研究および実証開発が行われている。その動向を図3にまとめた[7]。本技術の大容量化および実用化に向けたステップとして，比較的小規模（～15 MWe）の試験が進められてきたが，2011年の末には実際の石炭火力を酸素燃焼に改造して実証するカライド酸素燃焼プロジェクトで酸素燃焼の試運転が開始されることになっている。さらに，

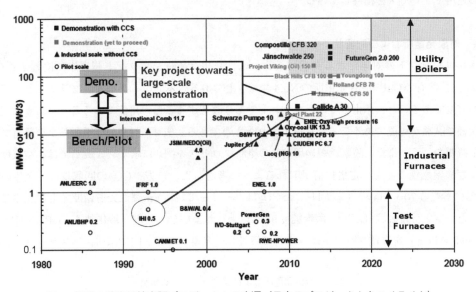

図3 世界の酸素燃焼実証プロジェクトの変遷（日本のプロジェクトをハイライト）

表1 火力発電所を対象とした世界の酸素燃焼プロジェクト

プロジェクト名	実証サイト	設備容量	タイプ	運転開始時期	備考
Callide（日豪）	豪州	30MWe	PCF	2012	CCS付
Jänschwalde（Vattenfall）	ドイツ	250MWe	PCF	2015	CCS付
Compostilla（Endeasa）	スペイン	300MWe	CFB	2015	CCS付
FutureGen（FutureGen Alliance）	米国	200MWe	PCF	2015	CCS付
大慶（中国大唐集団，Alstom）	中国	350MWe	PCF	2015	EOR
UK Oxy CCS Demo（Drax）	英国	426MWe	PCF	2016	CCS付
Youngdong（KEPCO）	韓国	100MWe	PCF	2015-17	CCS付

注）MWe：発電機出力，PCF：微粉炭火力，CFB：循環流動層ボイラ

2015年を一つのターゲットとして更なる大容量化への取組みがなされている。Callide酸素燃焼プロジェクトを含め，現在計画されている大容量酸素燃焼プロジェクトを表1にまとめた[8～10]。

4 カライド（Callide）酸素燃焼プロジェクト

　日本にて，1980年代末から取り組んできた研究成果を背景に，現在，豪州にて既設プラントを対象とした酸素燃焼適用実証に向けたプロジェクトが進められている。本プロジェクトは，実際の石炭火力発電プラントに酸素燃焼を適用することでCO_2を回収し，地下貯留まで行う一貫したプロセスを実証することを目的としたものである。前項に述べた通り，現在世界で酸素燃焼システムの開発プロジェクトが多数実施されているが，本プロジェクトは燃焼試験設備ではなく，商用運転を経験した既設プラントを改造し酸素燃焼を適用する世界初の発電プラントである。また，石炭粉砕機構がプロセス内に設置され，そしてマルチバーナ運用など，将来の商用プラントでの運用やプロセスを模擬している。

4.1　対象発電所および貯留サイト

　本プロジェクトの対象となる発電プラントは，豪州クイーンズランド州東岸に位置するCS Energy社保有のCallide A発電所のNo.4ユニットである。本ユニットは実証プラントとして適正な容量であること，休止していたプラントであり改造することが可能であること，および複数の炭種で試験が可能であることから選定されたものである。表2に対象の発電所および発電プラント概要を示す。また，酸素燃焼適用前後の概略プロセスを図4に示す[11]。改造では，空気燃焼および酸素燃焼でともに定格負荷が取れるように考慮した。一方，CO_2の回収量は，全体の約10％にあたる70 t/dayとし，回収したCO_2はローリーで数百km離れた貯留サイトに運ぶことにした。空気分離装置（ASU，酸素純度98％以上）およびCO_2処理・液化装置（CPU，CO_2純度99.9％以上）を発電プラントから離して新設し，発電プラント内には，排ガスクーラー，除

表2　対象発電所および発電プラントの概要

項目	内容
名称	Callide A発電所（CS Energy社）
基数×出力	4×30MWe
運転開始	1965～69年
改修工事	1997～98年（2002年～停止中）
蒸気条件 （各ユニット）	主蒸気流量　　　：123,410kg/h 主蒸気圧力×温度：4.1Mpa×460℃
主要設備 （各ユニット）	ミル　　　3台 バーナ　　6本（前面） FDF/IDF　各2基 熱交換器　1基（管型） 脱塵装置　1基（バグフィルタ）

第8章　酸素燃焼法

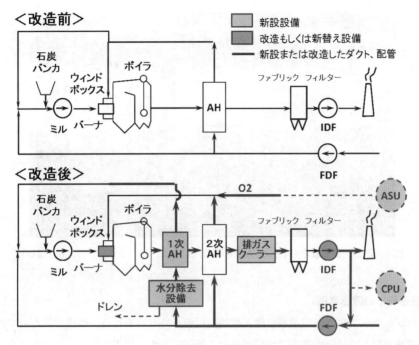

図4　酸素燃焼適用前後の概略プロセス

湿装置および1次ガス予熱器を設置するとともに，FDFおよびIDFを取り替えた。これらに合わせて空気／ガスダクトおよび酸素配管を設置した。

4.2　プロジェクトの背景およびスケジュール

本プロジェクトは2003年に豪州側から提案があったもので，2004～2005年度に日豪共同でサイト選定等の検討を実施した。その結果を踏まえ，2006～2007年度にプロジェクト体制の明確化と予算の確保を進め，2008年3月に日豪の参加各社にて，プロジェクト実施母体である JV (Joint Venture) を組織した[12]。これにより，日豪両政府の支援を受け本実証プロジェクトがスタートした。JVには日本から，電源開発㈱，三井物産㈱，および㈱IHIの3社が参加し，さらに㈶石炭エネルギーセンターが技術的支援を行う体制をとった。

本プロジェクトは大きく2つのステージから構成されている。第1ステージでは酸素燃焼によるCO_2回収を行い，第2ステージでは回収されたCO_2の地下注入，貯留およびモニタリングを行う。その後プロジェクトの総括を2014年から2016年までの2年間行う予定である。

第1ステージに関しては，現在改造工事が進行中で，順次試運転が行われているところである（図5）。2011年度末にはすべての試運転が完了し，実証運転が開始される予定である。第2ステージに関しては，今後の具体的なサイト選定，試掘，許認可手続きを経て，実際に発電所から回収されたCO_2をローリーにて貯留サイトまで輸送し注入することとなっている。

図5　改造・試運転中のCallide A発電所のNo.4ユニット（2011年5月18日撮影）

4.3 実証運転での確認事項

　実証プロジェクトでは，既設設備に酸素燃焼適用のため改造を行う。改造に当たっては設計段階より酸素燃焼特有の技術的課題について検討を行ってきた。以下にこれら検討を踏まえて実証運転で確認すべき主な項目を示す。

① ボイラ本体

　酸素燃焼では，O_2/CO_2雰囲気下での火炎形成となる。このため火炎安定性に加え燃焼・伝熱特性を把握することや長期間運転における機器の耐久性，排ガス中のCO_2濃度やボイラ効率といった性能を確認していく。

② 制御・運用面

　制御・運用面においては，酸素燃焼時の制御方法，空気燃焼との運転モード切り替え方法など，プラントの安定した運用性を確認する必要がある。また，危急時の動作の確認や，酸素の取り扱いにおける安全性を確認していく。

③ CO_2回収プロセス

　酸素燃焼より発生した排ガスの前処理方法，機器耐久性にかかわる微量成分の除去方法など，高純度のCO_2を回収するための最適なプロセスを確認していく。

5　商用化に向けて

5.1　プラント高効率化による効率低下の軽減

　酸素燃焼からのCO_2回収システムでは，空気分離装置やCO_2圧縮冷却装置において多大な動力が必要になってくる。従来の空気燃焼システムでは，所内動力が5％程度，送電端効率40％であるところ，酸素燃焼適用では，従来の必要動力に加えてこれら装置の動力が必要となり，所

第8章 酸素燃焼法

内率が30％まで上昇し，送電端効率が30％となってしまう。

これら装置の高効率化を図ることは当然であるが，発電プラントとしても，蒸気条件を向上させるなどして高効率化を図れば，図6に示すように，石炭量を低減できるため，必要な酸素量や処理すべきガス量が減少し所内動力の低減が図れる。加えて，高効率で発電された電力を使用することから，効率的な運転が可能となる[13]。したがって商用化にあたっては，極力高効率の発電所への適用が望まれる。

5.2 将来の商用化に向けた技術的課題

今後，中規模実証を経て商用化に向かうことになるが，技術的には以下の課題について実証を行い，信頼を得ることが第一であると考えている。

① 酸素燃焼発電プラントの安定運転・信頼性

本技術は発電プラントへの適用を目的としており，発電プラントとして安定運転に根ざした信頼性の高い安全なプラントでなければならない。

② CO_2回収システムとしての安定運転・信頼性

本技術を適用するからには，CO_2を安定した性状で回収しなければならない。システムとして最適かつ信頼性の高いシステムとする必要がある。

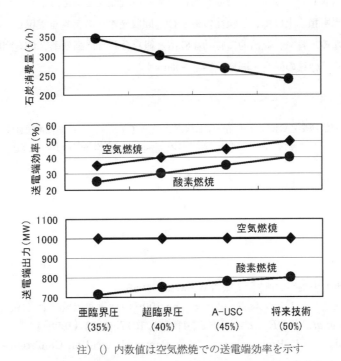

注）（ ）内数値は空気燃焼での送電端効率を示す

図6 酸素燃焼におけるプラント高効率化の効果

③　各機器および全体システムの高効率化，コスト低減

本技術の構成機器の中では，酸素製造装置やCO_2圧縮冷却装置の動力消費および設備費用が大きく，広く採用していただくには，これらの機器の高効率化およびコストダウンが必要である。これについては，海外のASUメーカーなどが積極的に研究開発を進めている。また，ボイラプラントとしては，大気の系内への流入を極力抑え，CO_2圧縮冷却装置の負荷を低減することが重要である。このようにして，CO_2回収システムとしての全体最適なプラントにするとともに，CO_2輸送や貯留側機器および制限などを考慮した最適化が必要である。

④　商用機クラスへのスケールアップ

現在の実証運転の段階では設備容量は30 MWe級程度であるが，商用機では最大1,000 MWe級程度までスケールアップされることを考えなければならない。商用プラントでのボイラ，酸素製造装置，CO_2回収装置を含めた機器・配管などの最適な仕様，プロセスを明確にする必要がある。

6　まとめ

本章では，酸素燃焼法について，技術内容，世界の開発状況，既設石炭火力発電所からのCO_2回収および貯留を目指したCallide酸素燃焼プロジェクト，および本技術の商用化に向けた技術的課題について概説した。今後は，技術課題に対する研究開発を進める傍ら，小規模から中規模の実証試験で成果を積み上げて，信頼性のあるCO_2回収発電システムを実現し，商用化することを目指すことになる。将来，経済的に有効な貯留と組み合わせた高効率なCO_2回収システムとして実現できるよう，今後の研究・開発・実証を期待する。

謝辞

執筆に当たり，経済産業省資源エネルギー庁石炭課，㈱新エネルギー・産業技術総合開発機構，㈶石炭エネルギーセンター，電源開発㈱，三井物産㈱およびCS Energyら豪州側関係者のご支援を得たことを記し，謝意を表す。

文　献

1) 小谷田ら，電力中央研究所，研究報告W90023（1989）
2) 木村ら，熱工学シンポジウム，No.920-57, pp.100-101, 日本機械学会（1992）
3) T. Yamada et al., *JSME Int. J. Ser. B*, **41**（4), 1017-1022（1998）
4) S. Watanabe et al., Proc. 6th Int. Joint Power Generation Conference（IJPGC-97），Nov., 1997, Denver.

5) S. Nakayama *et al.*, Pulverized coal combustion in O_2/CO_2 mixtures on a power plant for CO_2 recovery, Proc. of the First International Conference on Carbon Doxide Removal (1992)
6) H. Shimoda *et al.*, Proc. Sixth Int. Conf. on Technologies and Combustion for a Clean Environment, July, 2001, Portugal.
7) T. Wall, Presentation of IEAGHG 2nd Oxyfuel Combustion Conference (2011)
8) http://sequestration.mit.edu/index.html　HP of Carbon Capture and Sequestration Technologies Program at MIT, 2011年10月20日.
9) http://www.globalccsinstitute.com HP of Global CCS Institute, 2011年10月20日.
10) Y. Kim *et al.*, Presentation of IEAGHG 2nd Oxyfuel Combustion Conference (2011)
11) T. Uchida, Presentation of IEAGHG 2nd Oxyfuel Combustion Conference (2011)
12) 電源開発㈱, ㈱IHI, 三井物産㈱の各社ホームページ, プレスリリース, 2008年3月.
13) 氣駕ら, *JCOAL Journal*, **11**, 9-11 (2008)

第9章　その他回収方法 —新規回収法を中心に—

谷口育雄[*1], 真野　弘[*2]

1　はじめに

前述のCO_2分離・回収技術の他にも，これまで国内外で種々のCO_2回収法が検討されてきた。その例として，温度スイング昇華法，深冷分離法，ハイドレート法，溶融炭酸塩燃料電池による回収法，膜・吸収ハイブリッド法，および新規回収技術として最近盛んに研究されているケミカルルーピング法が挙げられる。本章では，それらの中でも膜・吸収ハイブリッド法およびケミカルルーピング法を主に紹介する。

2　膜・吸収ハイブリッド法

2.1　膜・吸収ハイブリッド法の開発

地球環境産業技術研究機構（RITE）では，新しい二酸化炭素（CO_2）の分離回収技術の一つとして「膜・吸収ハイブリッド法」を開発してきた。

CO_2を分離するための従来の化学吸収法によるCO_2回収プロセスを図1に示す。

この図ではCO_2/N_2を供給ガスとして例示する。このガスを吸収塔に送り込み，塔内充填物表面で気液接触によりCO_2を吸収液に吸収させる。CO_2を吸収した吸収液は次に再生塔で120℃程

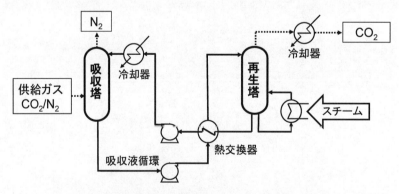

図1　従来の化学吸収法によるCO_2回収プロセス

[*1] Ikuo Taniguchi　㈶地球環境産業技術研究機構　化学研究グループ　主任研究員
[*2] Hiroshi Mano　㈶地球環境産業技術研究機構　化学研究グループ　主任研究員

度の高温に加熱することによりCO_2を放散させて回収する。この化学吸収法ではCO_2を高回収率でかつ高濃度で得ることができるが，吸収液を高温に加熱するためにエネルギー消費が大きくなる欠点がある。これに対して，CO_2を低エネルギー消費，かつ高純度で分離回収することを目指して開発した技術が「膜・吸収ハイブリッド法」である[1~4]。

2.2 膜・吸収ハイブリッド法の概要
2.2.1 吸収／放散一体型の膜・吸収ハイブリッド法

吸収／放散一体型の膜・吸収ハイブリッド法プロセスを図2に示す。

この図では膜モジュールの容器の中に中空糸状の多孔質膜1本のみを拡大して示した。供給ガスとしてはCO_2/N_2を例示する。多孔質膜の一方の面（図2では中空糸状多孔質膜の内側）にアルカノールアミン水溶液等のCO_2吸収液と供給ガスを混合して送り，他方の面（図2では中空糸状多孔質膜の外側）を減圧雰囲気に置くと，吸収液は供給ガス中のCO_2を吸収し，多孔質膜の微細孔を透過して減圧雰囲気中に出る。透過と同時にCO_2は放散されて真空ポンプの排気口から回収される。CO_2を放散した吸収液は供給側に液ポンプで送って循環使用する。ここでCO_2吸収は発熱反応，CO_2放散は吸熱反応であり，かつ両反応が膜の両側の近接した所で起こるので吸収で発生した熱が放散で利用されることになる。この方法は実験室規模程度の小規模ガス処理では効率の良いCO_2分離法である。

2.2.2 吸収／放散分離型の膜・吸収ハイブリッド法

ガス分離の規模がベンチスケール程度以上に大きくなると大量のガスと吸収液を混合して膜に送るのが非常に困難になるので，吸収部は従来の化学吸収法と同様に吸収塔を用いる気液接触により吸収液にCO_2を吸収させることにし，従来の再生塔の代わりに膜モジュールを用いることに

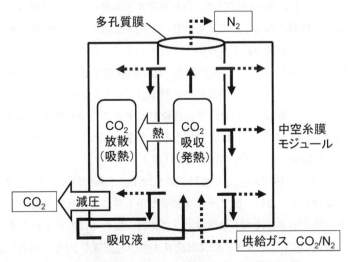

図2　吸収／放散一体型 膜・吸収ハイブリッド法プロセス

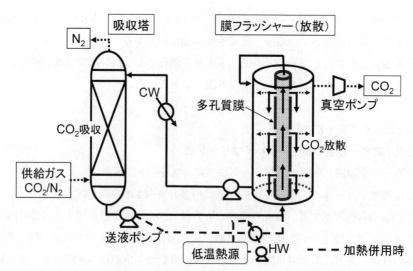

図3　吸収／放散分離型 膜・吸収ハイブリッド法プロセス

した。この吸収／放散分離型の膜・吸収ハイブリッド法プロセスを図3に示す。

この図においても膜モジュールの容器の中に中空糸状多孔質膜1本のみを拡大して示した。CO_2を吸収した吸収液を多孔質膜の一方の面に送り，多孔質膜の他方の面を減圧して吸収液を膜の微細孔から減圧雰囲気にフラッシュさせると吸収液からCO_2が放散される。濃縮CO_2は真空ポンプの排気側から回収し，吸収液はCO_2吸収部（吸収塔）に戻して循環使用する。これは，化学吸収法の再生塔を従来の高温加熱方式から減圧膜フラッシュ方式に置き換えたことになる[5]。

2.3　膜・吸収ハイブリッド法の特徴

膜・吸収ハイブリッド法の最大の特徴は，CO_2回収エネルギー消費が従来の高温加熱方式化学吸収法の場合に比べて低減されることである。特に，図4に示すように供給ガスのCO_2濃度が高くなると急激にエネルギー消費が低下する。

供給ガス中CO_2濃度が40％程度になると従来の化学吸収法で必要なエネルギーの約1/4にまで低減され，膜・吸収ハイブリッド法の優位性が際立ってくる。同様なエネルギー消費低減効果は，CO_2を吸収した後の吸収液を，図3の中に破線で示すように100℃以下の低温熱源で加熱して膜フラッシュ温度を例えば70℃程度にすることでも達成される[6,7]。膜フラッシュ温度を変化させた場合の主要機器別エネルギー消費を図5に示す。

ここで50-75℃の場合，加熱用熱源としては100℃以下の未利用熱エネルギーを活用するため，加熱のエネルギーは含んでいない。膜フラッシュ温度が上昇すると吸収液循環ポンプの動力消費が急激に減少するので，温水と冷却水の循環ポンプ動力が加わるにもかかわらず，全エネルギー消費は減少する。図5に示すエネルギー値は供給ガス中CO_2濃度が12％の場合であるので，CO_2濃度が高い場合に加熱を併用すると更なるエネルギー消費低減が可能になる。

第9章 その他回収方法 —新規回収法を中心に—

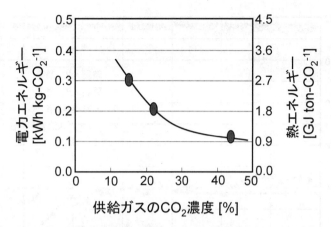

図4 膜・吸収ハイブリッド法によるCO_2回収のエネルギー消費

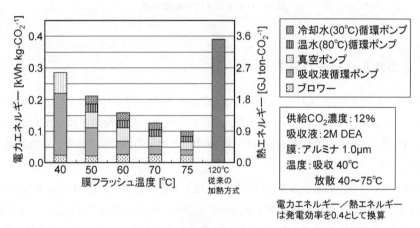

図5 主要機器別エネルギー消費

2.4 膜・吸収ハイブリッド法の適用例と今後の展開

　メタン発酵バイオガスの精製における基本プロセスは，含まれるCO_2を分離除去することにより濃縮メタンを得ることである。したがって，膜・吸収ハイブリッド法が適用できる用途である。その例として，バイオガス精製フィールド試験結果を図6に示す[8]。

　実ガス連続運転でのバイオガス精製において，原料メタン濃度は大きく変動しているにもかかわらず，98vol％の精製メタン濃度と96-98％のメタン回収率が連続運転の2ヶ月間にわたって安定して得られ，各機器の耐久性を含めた実用性に問題がないことが確認できた。

　今後はさらなる省動力化，装置の小型化によるコスト低減，スケールアップ対応等の改良を進め，膜・吸収ハイブリッド法ガス分離装置の技術的信頼性の向上を図り，メタンとCO_2の分離のみならず，水素あるいは窒素主体の混合ガスからCO_2のみを除去する用途への実用化を推進する。

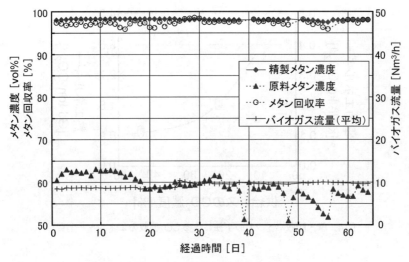

図6　バイオガス精製試験結果

3　ケミカルルーピング法

ケミカルルーピング燃焼（Chemical Looping Combustion, CLC）とは，石田（現東京工業大学名誉教授）らによって1994年に発表された学術論文[9]で初めて使用された燃焼システムの名称である。CLCは金属酸化物の酸化還元反応を利用した燃料の燃焼法であり，その概念図を図7に示す。

CLCシステムは，図7のように空気反応器と燃料反応器の2つの反応器に分かれており，その間を酸素キャリアとなる金属酸化物粒子が循環する構造である。前者では空気によって金属酸化物（Me_xO_{y-1}）が酸素によって酸化され，以下の化学反応が起こる。そして，空気反応器からは，窒素と未反応の酸素が排出される。

$$Me_xO_{y-1} + \frac{1}{2}O_2 \rightarrow Me_xO_y \tag{1}$$

その一方で，酸化された金属酸化物（Me_xO_y）が酸素のキャリアとなって，燃料反応器内で燃料と反応して還元される。ここで，燃料となる炭化水素は完全に反応すると水とCO_2となる。燃料反応器内の化学反応を式(2)に示す。そして，還元された金属酸化物（Me_xO_{y-1}）はまた空気反応器へと送られ，空気によって酸化される循環プロセスを繰り返す。

$$(2n+m)Me_xO_y + C_nH_{2m} \rightarrow (2n+m)Me_xO_{y-1} + mH_2O + nCO_2 \tag{2}$$

各反応器から排出されたガスは熱回収されて発電に使用することができる。燃料反応器から排出される燃焼排ガスは水とCO_2であるため，水を凝縮させることによって高純度のCO_2が得られる。そのため，CLCは他の発電法と比較して，CO_2を分離回収することが非常に容易で，エ

第9章 その他回収方法 —新規回収法を中心に—

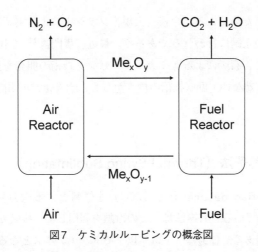

図7 ケミカルルーピングの概念図

ネルギーロスが極めて少ないため，近年非常に着目されるようになってきた。CLCの実用化へ向けた研究開発は，①酸素キャリアの開発，②CLC反応器の開発，および③システムの検討の3つの研究課題に大別されて行われている。

まず，金属酸化物である酸素キャリアは，酸素や燃料との高い反応性を有し，燃料をCO_2と水に高効率で転換する能力が必要とされる。また，高温での流動性やコスト，ならびに安全性も重要なファクターである。これまで合成粒子では，Ni系（NiO/Ni），Fe系（Fe_2O_3/Fe_3O_4），Mn系（Mn_3O_4/MnO），Cu系（CuO/Cu）やCa系（$CaSO_4$/CaS）が，天然鉱石キャリアとして，FeとTiの複合酸化物であるイルメナイトなどについての検討がなされてきた。天然ガスや石炭などの燃料も酸素キャリアを決定する因子であり，石炭燃料の場合，灰分との分離も技術課題の一つである。

次に，CLC反応容器の設計では，酸素キャリアである金属酸化物粒子を効率よく循環させるため，流動床や流動化機構を重視した反応塔の設計が必須である。そして，燃料反応器内において，燃料を完全にCO_2と水に反応させるために，流動機構や温度・圧力などの反応条件の最適化も必要である。また，燃料に硫黄が含まれる場合は脱硫工程を付加する必要があり，微量元素や重金属の系内でのモニタリングも反応器の開発に重要である[10, 11]。

最後に，反応システムを検討するに当たり，スチームを効率良く発生・供給するための熱回収やスチームタービン発電との組み合わせの最適化が最重要課題である。欧米ではCLCに関する研究開発が盛んに行われており，大学などの研究機関と民間企業が一体となって，120-150 kWのパイロットプラントが建設され，試験運転を実施中である。ドイツのDarmstadt大学において1 MW規模のプラントが建設中であり，米Alstorm社も3 MW級のパイロットプラント建設を視野に入れている[12]。

CLCによる発電は，IGCCや超臨界微粉炭石炭火力発電と比較して発電効率が良いと考えられている。この主な要因は，CO_2回収のための余分なエネルギー（エネルギー・ペナルティー）が

不要であるとされているためである。今後，大規模プラントによる実証試験を通してCLCの経済性評価がより詳細かつ正確に行われるであろう。最近，専門書[13]も刊行され，日本においても産官学が一体となって，石炭によるケミカルルーピング技術の開発を行い，2030年までに実用化を目指している。有効なCO_2回収技術の観点からも，今後発展が期待される回収法の一つである。

4 温度スイング昇華法 (Thermal Swing Sublimation)

液化天然ガス (liquefied natural gas, LNG) を燃料とする火力発電において，LNGは－162℃以下に冷却されている。TSS法は，この冷熱を利用して，排気ガス中に含まれるCO_2を昇華して回収する技術である。CO_2は－135℃以下でドライアイスとなるので容易に高純度で分離することが可能である。

5 深冷分離法

混合ガスを低温に冷却して，それぞれのガスが凝集する際の温度（沸点）の違いを利用して蒸留，あるいは部分凝縮によって分離・回収する方法であり，酸素の製造法として知られている。大量のガスの製造や高純度のガスの製造に適しているが，冷却に多大なエネルギーを要するという欠点がある。

6 ハイドレート法

CO_2ハイドレートは，1993-95年に米国カリフォルニア工科大で行われた研究によって発見された。ガスの組成によるが，0℃付近で10-70気圧の圧力下において，CO_2は水が形成するiceberg構造の中にトラップされてスラリー状のハイドレートとなる。例えば，IGCC発電において，水性ガスシフト反応の後のCO_2を含む排ガスを冷却してハイドレートを形成させると，水素はハイドレートに取り込まれること無く精製される。また，H_2Sも水中にとけ込むため同時に脱硫も可能である。この回収方法は冷却を必要とするためコスト的に不利と言われてきたが，最近の米国ロスアラモス国立研究所の基礎的な検討結果から，0℃まで冷却すること無しにハイドレートの形成が可能であることがわかった[14]。しかしながら，実際は他のガスが存在する場合，ハイドレートの形成能が低下することがわかっており，克服すべき技術課題も多い。

7 電気スイング吸着法

電気スイング吸着 (electrical swing adsorption, ESA) は，米国オークリッジ国立研究所で開

発されたCO$_2$分離回収を目的とした手法であり，CO$_2$吸着剤として炭素繊維を結合させたモレキュラーシーブ（carbon fiber composite molecular sieve, CFCMS）を用いている[15, 16]。ポアサイズ，空隙率，および表面積などを種々変化させたCFCMSを調製し，CO$_2$と他のガスの吸着性（選択性）を制御することが可能である。CFCMSは導電性であるため，吸着したCO$_2$は電気を通すことによって発熱し，脱着させることが可能と考えられている。従来の加熱脱着と比較して，エネルギー消費が同等以下である。現在，基礎研究が精力的に行われている。

8 溶融炭酸塩燃料電池による回収法

溶融炭酸塩燃料電池（molten carbonate fuel cell, MCFC）は，作動温度が約650℃であるため，溶融した炭酸塩が電解質となる。このMCFCの特徴を利用して，石炭火力発電所から排出されるCO$_2$回収型発電システムの開発が行われている。現在，中部電力と中国電力の共同研究によって，中国電力の三隅発電所で行われている小型MCFC試験装置（図8）では，メタンガスをモデル燃料として用いている。メタンは水性ガスシフト反応によって水素に変換され，アノードにおいて炭酸イオンと反応して水とCO$_2$となる。一部のCO$_2$はカソード側に移動して，酸素と反応し，炭酸イオンを生成する。生じた炭酸イオンはまたアノードへと移動する。この発電反応によって，アノード出口ではCO$_2$濃度は80％程度に濃縮される。今後は所用電力，回収電力，発電効率等の基礎データの取得を行い，スケールアップが期待される。

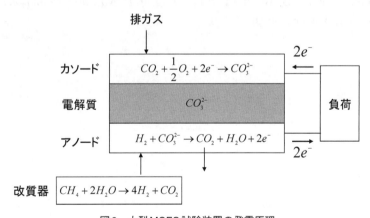

図8　小型MCFC試験装置の発電原理

文　　献

1) M. Teramoto, N. Ohnishi, N. Takeuchi, S. Kitada, H. Matsuyama, N. Matsumiya, H. Mano, *Sep. Purif. Technol.*, **30**, 215-227 (2003)
2) 真野　弘, CO_2固定化・削減・有効利用の最新技術, p.56-63, 湯川英明監修, シーエムシー出版 (2004)
3) K. Okabe, M. Nakamura, H. Mano, M. Teramoto, K. Yamada, *Studies in Surface Science and Catalysis*, **159**, 409-412 (2006)
4) 真野　弘, 電気評論, **91** (4), 56-57 (2006)
5) K. Okabe, H. Mano, Y. Fujioka, *International J. Greenhouse Gas Control*, **2**, 485-491 (2008)
6) K. Okabe, S. Kodama, H. Mano, Y. Fujioka, *Energy Procedia*, **1**, 1281-1288 (2009)
7) K. Okabe, H. Mano, Y. Fujioka, *International J. Greenhouse Gas Control*, **4**, 597-602 (2010)
8) 真野　弘, 富岡孝文, *WEB Journal*, No.98, 18-21 (2009)
9) M. Ishida and H. Jin, *J. Chem. Eng. Japan*, **27** (3), 296 (1994)
10) W. Xian and S. Wang, *Energy & Fuels*, **22**, 961 (2008)
11) M. Xu *et al.*, *Chem. Eng. Technol.*, **32** (3), 404 (2009)
12) 吉田一雄, 小野崎正樹, エネルギー総合工学, **33** (1), 29 (2010)
13) L-S. Fan, *Chemical Looping Systems for Fossil Energy Conversions*, Wily-AIChE (2010)
14) D. F. Spencer, *Proceedings of GHGT-4*, B. Eliasson *et al.*, Eds., Elsevier (1999)
15) T. D. Burchell *et al.*, *Carbon*, **35** (9), 1279 (1997)
16) R. R. Judkins and T.D. Burchell, *Proceeding of 1st National Conference on Carbon Sequestration*, Washington DC (2001)

【第三編　CO_2輸送技術】

第10章　CO_2輸送技術

湯浅城之[*1]，古川博宣[*2]，酒見卓也[*3]，小嶋令一[*4]，
石川嘉一[*5]，増井直樹[*6]，矢野州芳[*7]，藤田秀雄[*8]

1　はじめに

日本でCCSを実施する際，石炭火力発電所等の発生源近傍に十分な貯留ポテンシャルを有する帯水層（貯留層）が存在しない場合，回収したCO_2を適当な貯留サイトまで輸送する必要がある。輸送方法については，一般的に近距離はパイプライン輸送，遠距離では船舶輸送が適すると言われているが，これまでに具体的なモデルケースを想定し，CO_2輸送システムの概念設計を検討した例はほとんどない。

本編では，これまでの知見のほか，新エネルギー・産業技術総合開発機構（NEDO）からの委託事業「革新的ゼロエミッション石炭ガス化発電プロジェクト」で検討した「CO_2輸送システムの概念設計」[1]の結果を紹介する。

2　CO_2輸送システムの概要

CO_2輸送システムのイメージを図1に示す。船舶輸送では，輸送するCO_2の性状により液化CO_2とCO_2ハイドレートの2形態が考えられる。船舶輸送を行うために必要となる主要設備は，CO_2発生源で回収したCO_2を液化／ハイドレート化するプラントと一時的に保管するための貯蔵タンク，CO_2を輸送するための輸送船，貯留サイトでの貯蔵タンクや圧入用昇圧設備等である。発生源側の主要設備は，陸上貯蔵基地として発電所構内に設置することとした。一方，貯留サイト近傍でも，タンク等を設置するための用地と大型のCO_2輸送船が着岸できる港湾施設が貯蔵基

---

*1　Shiroyuki Yuasa　（一財）エンジニアリング協会　技術部　海洋開発室　主任研究員
*2　Hironori Furukawa　（一財）エンジニアリング協会　石油開発環境安全センター
　　研究主幹
*3　Takuya Sakemi　大成建設㈱　環境本部　環境開発部　次長
*4　Reiichi Ojima　大成建設㈱　エンジニアリング本部　新エネルギーグループ　主事
*5　Yoshikazu Ishikawa　JFEテクノデザイン㈱　エンジニアリング部　部長
*6　Naoki Masui　㈱大林組　生産技術本部　海洋土木技術部　主席技師
*7　Shuho Yano　三菱重工業㈱　船海技術総括部　主席技師
*8　Hideo Fujita　三井造船㈱　船舶・艦艇事業本部　基本設計部　部長

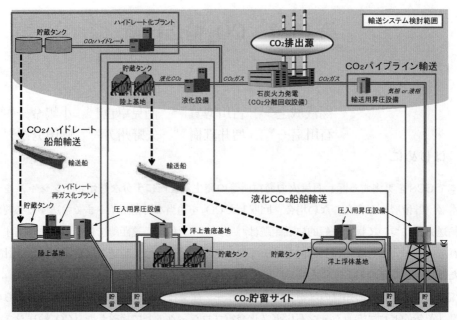

図1　CO_2輸送システムのイメージ図

地として必要である。日本では，これらの条件に該当する地域を多数望めないことから，貯留サイト側には陸上あるいは洋上にCO_2貯蔵基地を建設することとした。なお，洋上基地については，設置場所の水深が浅い海域では着底式，水深が深い海域では浮体式が適することから，両形式について検討した。

また，パイプライン輸送では，液相もしくは気相で輸送する方法について検討した。液相（高圧）ケースでは，貯留サイトまで輸送した後，そのまま圧入できるように発生源側で昇圧するのに対し，気相（低圧）ケースでは，貯留サイトまで気相で輸送した後，再度昇圧して圧入することとした。

検討ケースは，輸送量の異なる実証規模（約24万t-CO_2／年）と商用規模（約150万t-CO_2／年）の2ケースとした。

3　液化CO_2貯蔵タンク（陸上基地，洋上着底基地）

毎日発生する発電所の排ガスから分離回収されたCO_2は，輸送のため液化される。その後，液化CO_2が船舶輸送のために移送される出荷基地では，滞りのない輸送・貯留のために船舶の荒天待機分を含めたバッファー機能を有することが必要となる。また，この機能は液化CO_2の荷受基地でも同様である。ここでは設計条件の下，出荷基地の『液化CO_2一時貯蔵タンク及び付帯設備』の仕様を決定し，図面化して基地建設に必要な敷地面積等について検討した。

第10章　CO_2輸送技術

3.1　設計条件

　基地で取扱うCO_2の形態は，低温・高圧の『液化状態』であり，設計は「高圧ガス保安法」[2] (以下，本章では単に「法」と記す) に準拠した。タンク入・出荷時の液化CO_2は，その移送過程での温度・圧力変化に伴う固化（ドライアイス化による配管閉塞）を防ぐこと，入熱処理，すなわちボイルオフガスの発生量を抑制・回収できることなどを前提とした。一方，検討ケースのCO_2輸送量と荒天待機等の条件から，基地における液化CO_2必要貯蔵量を実証機，商用機で各々6,000t，24,000tとした。液化CO_2の設計圧力は，0.8MPaを基本とし，商用機洋上着底基地用では設備との水頭差を考慮して1.0MPaとした。液化CO_2の温度は，3重点を配慮し上述した前提条件を満足するよう－50℃～－43℃の範囲で設計した。なお，タンクは入荷・出荷を同時に行わないことから，各基地のタンク基数は最低2基とした。

3.2　陸上基地及び洋上着底基地用貯蔵設備（液化CO_2タンク）の仕様

　実証機における液化CO_2の出荷用陸上基地及び荷受用の洋上着底基地では，与条件を満足する貯蔵タンクとして－60℃の低温鋼材であるアルミキルド鋼（SLA360）による3,000t球形（内径：18m）が2基となった。このとき鋼材板厚は最大31mmとなり，圧力制御ユニット等を含めた最小敷地面積は，約7,000m^2（80m×80m）となる。なお，洋上基地では函体内にタンク等を収納する。

　商用機陸上基地ではその規模から，現場焼鈍が不要な材料として－196℃の低温性能を有する9％ニッケル鋼（SL9N）の採用が必要となり，12,000t球形タンク（内径：28m）が2基となった。なお，このとき鋼材板厚は最大50mmとなり，圧力制御ユニット等を含めた最小敷地面積は，桟橋やローディング・アーム，緑地を含めずに約10,000m^2（150m×66m）となった。

　商用機洋上着底基地では貯蔵タンクは函体内への収納性から，3,000tのシリンダー型タンクを採用し，このため基数は8基となった。タンク材質は実証機タンク同様に経済的なアルミキルド鋼（SLA360）が採用できた。

　その他，各基地におけるボイルオフガス（BOG）の削減には，タンクそのものよりも液化設備からタンクまでの配管延長を極力短くすることが効果的であることがわかった。

　図2～図4に，商用機陸上基地の液化CO_2貯蔵タンク及び基地概要図を示す。

3.3　得られた知見と今後の課題

① 実証機規模のタンク設備では，タンク規模から材料として比較的経済的なアルミキルド鋼（SLA360）が採用できるが，鋼材の温度的余裕は液化CO_2の運用温度に対し－10℃の余裕で，設備の運転には適切な温度及び圧力の維持管理が求められる。

② 商用機陸上基地の12,000tタンクは，法の板厚制限，焼鈍条件等から9％ニッケル鋼（低温性能：－196℃）の採用が必要となる。本件の場合，液化CO_2（－50℃）に対して十分な余裕があるため，今後は5％ニッケル鋼やPCコンクリート製など，経済的な材料の認可

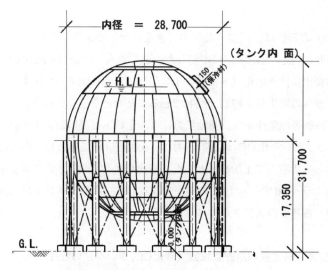

図2　商用陸上基地CO_2貯蔵タンク（0.8MPa）
12,000tクラス2基設置

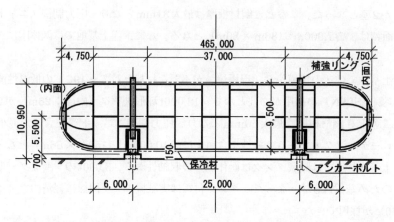

図3　商用機着底基地CO_2タンク（1.0MPa）
3,000tクラス8基設置

や法的規制緩和が望まれる。

③　実証機，商用機共，液化CO_2貯蔵用としての本件規模のタンクは建造・運用の実績がないため，実用化の前には運転中の状態変化（特にドライアイス化）に対する実験や解析的検証が必要である。

④　PC製タンクでは，技術的には最大50,000tクラスまで設計可能である。

第10章　CO₂輸送技術

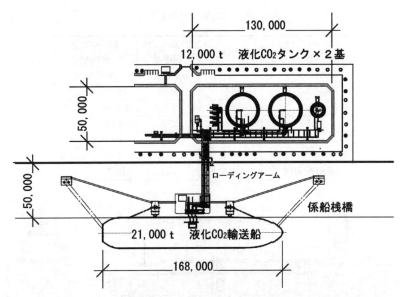

図4　商用機陸上基地　平面概要図（12,000tタンク2基）
必要面積：約10,000m² （桟橋，ローディング・アーム設備，緑地は除く）

4　液化CO_2輸送船

4.1　目的

　我が国はエネルギー資源のほとんどを海外に依存し，その輸送手段は船舶が中心であることから輸送用タンカーの設計・建造には高い技術力とノウハウを有している。このため，液化CO_2輸送船について，液化CO_2と比較的近い安定領域にあると考えられる液化ガス輸送船（LPG船，LNG船など）の設計及び建造実績を参考として液化CO_2輸送船の経済性を検討することを目的に概念設計を実施した。

4.2　液化CO_2輸送船の検討内容

（1）　液化CO_2輸送船の種類
表1に示す，①実証船，②商用船（国内輸送），③商用船（海外輸送）について検討を行った。
（2）　液化CO_2輸送船の設計条件
設計温度；－50℃，設計圧力；1.0MPaの設計条件で検討を行った。

4.3　研究の成果

（1）　液化CO_2の物性調査
①　CO_2は温度変化に対して圧力変化が非常に大きい物性を有している。
②　液化ガス輸送船を前提とすると，液化CO_2は低温・高圧蒸気圧の貨物である。

CCS技術の新展開

表1 液化CO_2輸送船の主要寸法

項目	単位	3,200t型 実証船	21,000t型 商用船 (国内輸送)	50,000t型 商用船 (海外輸送)	
タンク方式		単胴	双胴	球形	双胴
長さ (L)	m	95.0	161.0	226.0	240.0
幅 (B)	m	18.4	27.5	41.0	35.4
深さ (D)	m	7.4	17.2	19.0	21.5
喫水 (d)	m	4.8	9.4	10.5	11.5
概略配置図		図5	図6	図7	―

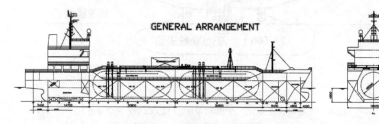

図5 実証船の概略配置(単胴タンク方式)

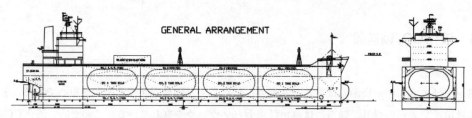

図6 商用船(国内輸送)の概略配置(双胴タンク方式)

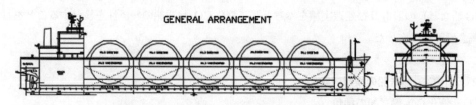

図7 商用船(海外輸送)の概略配置(球形タンク方式)

③ 液化CO_2は圧力が0.518MPa abs,温度が-56.6℃でドライアイスになる(三重点)。
④ 一般に使用されている液化CO_2は-20℃,2.0MPa程度で運用されている。
⑤ 液化CO_2の密度はLPGの約2倍であり,タンクに大きな荷重が作用する。

(2) 液化CO_2輸送船及び類似船調査
① 液化CO_2輸送船の建造実績は確認できたもので5隻あった。
　最大輸送量が1,400t程度の小型船で,設計温度は-40℃程度であった。

第10章　CO$_2$輸送技術

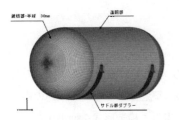

図8　単胴タンク方式

図9　双胴タンク方式

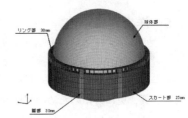

図10　球形タンク方式

② LPG船，LNG船など類似船は多数存在するが，設計圧力または設計温度が異なっており，そのままの状態で液化CO$_2$輸送に転用することはできない。

③ 液化CO$_2$輸送船は船級規則の「液化ガスばら積船規則」に国際ルール（IGC Code）として規定されている。

(3) 液化CO$_2$タンク構造の検討

① タンク用鋼材の材質は設計温度で決まり，板厚は設計圧力で決定される。

② タンク用鋼材は低温用鋼及びニッケル鋼となる。最大板厚は規則上40mm，特認の場合は50mmとなる。材質により使用できる最大板厚が決まる。

③ タンクを大型化するためには，圧力をできるだけ低く抑える必要がある。

④ タンクの構造方式は，単胴タンク方式（図8），双胴タンク方式（図9）及び球形タンク方式（図10）が考えられる。

(4) 液化CO$_2$輸送船概念設計の例

概念設計の結果得られた液化CO$_2$輸送船の主要寸法を表1に示す。

① 実証船規模の小型船は，現在の技術で建造は可能である。

② 商用船規模の大型船は，タンクの製造実績が無く，製作に当たって様々な検討・開発が必要となる。一方，船体の建造は現在の技術で十分対応が可能である。

4.4　今後の課題

① 液化CO$_2$用の大型タンクの製造は実績が無く，材料の曲げ加工性，溶接性など施工面での詳細な検討・開発が必要である。

② 大型タンクを製造するに際して，加工能力，製作効率向上のための設備投資が必要である。

③ 球形タンクの赤道部構造詳細は多くの特許が存在し，部材加工方法，製作方法とあわせて構造詳細の検討が必要である。

④ 商用船に適用した9％ニッケル鋼はLNG船にも適用できる高級材料である。タンク製作の材料費削減のためには材料改良が必要である。高張力鋼は多くの種類が整備されており，その中から板厚が厚くても低温に対応できる鋼材の開発は可能と考えられる。

5 洋上着底基地

5.1 概要

洋上着底基地は，洋上のCO_2貯留サイト近傍に設置され，CO_2輸送船の着桟，及びCO_2の受入れ貯蔵，更に貯留のための昇圧等の機器を搭載した施設である。概念設計を行い，上述の供用性能，地震・台風等の自然条件に対する安全性能，更に経済性に優れた構造形式を抽出するとともに，既存技術に立脚した構築工法を提案した。なお，洋上基地には着底式と浮体式があり，設置海域の水深が浅いときに着底式が適する。

5.2 検討条件の設定

設置地点は，貯留サイト近傍で，CO_2輸送船の入港，漁業等への影響を考慮して離岸距離5km・水深15mの外洋に設定した。従って，高波浪が作用し，わが国特有の地震の影響も受ける。

5.3 基本構造及び基礎の選定

港湾施設，LNG洋上着底基地及び北海等の海底油田・ガス田開発用のコンクリートプラットフォーム等，国内外の既存技術を調査した。その結果，全体形状は適用海域の自然条件・要求性能等より，LNG洋上着底基地と同様のコンクリート函体を採用した。コンクリート函体は，タンクを搭載し，CO_2輸送船が着桟できる規模で，以下の形状寸法とした。

　　実証機：長さ115m×幅30m×高さ25m

　　商用機：長さ250m×幅42m×高さ25m

基礎形式は外洋であること，また，設置海域の地盤条件等を考慮してコンクリートプラットフォーム等にて実績のあるスカート・サクション基礎を採用した。図11は洋上着底基地にCO_2輸送船が入港する状況の概念図である。

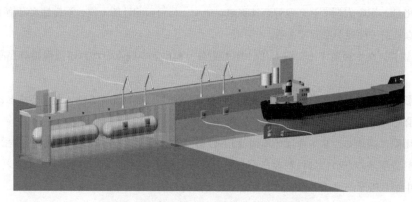

図11　洋上着底基地（商用機）の全体概要図

第10章　CO_2輸送技術

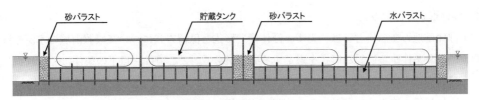

図12　洋上着底基地（商用機）の据付概念図

5.4　荒天待機の評価
基地は外洋に設置されるため，高波浪により着桟が困難な状況も予測される。しかし，洋上着底基地が入射波を部分的に遮蔽するため，基地の背面に静穏な海域が創出される。想定海域の波浪条件を用いて静穏度の試算を行い，ほとんど入港に支障が無いことを確認した。

5.5　構築工法の提案
超大型海洋構造物の場合，構築可能なサイト（陸上施設・ドライドック・岸壁等）を確保することが重要である。また，洋上特に外洋での工事はリスク・コストともに高いことから，すべての機器を陸上もしくは岸壁にて搭載することとした。図12に現地海域に洋上着底基地を設置する状況を示す。

5.6　今後の課題
既存技術を適宜組合せることにより，設計・施工は可能であると考えられる。しかし，今後，より合理的で，信頼性・経済性に優れた洋上着底基地を目指す場合の課題を以下に記す。
　　・設置海域の自然環境条件の明確化
　　・構造部材の形状・寸法の最適化
　　・構築サイトの詳細条件の明確化

6　洋上浮体基地

洋上浮体基地の目的は，陸上基地で液化されたCO_2を圧入海域まで輸送する液化CO_2輸送船から洋上にて液化CO_2を受け取り，基地上の貯蔵タンクに一旦貯蔵して，同じく洋上基地上に設備された圧入装置を使用して海底までCO_2を送り込むことである。既存の洋上浮体式構造物の構造形式としては，バージ型，船型，セミサブ型，TLP，SPARといったいろいろの構造形式が存在している。また，係留方式としては，多点アンカーチェーン係留方式，一点振れ回り係留方式，ドルフィン係留方式等々の実例がある。これらの各方式は設置サイトにおける設計条件（波浪・海底土質・水深など）によって最適な形式や方式が決定される。ここでは，具体的な洋上浮体基地の検討例を紹介する。

6.1 浮体形式と係留方式

洋上浮体基地の概念検討では，先ず，浮体構造形式と係留方式について設置海域の水深や浮体の規模や海象条件から最適な形式を選定する必要がある。ここでは，以下の条件にて検討した。

　　設置海域水深：120m
　　浮体規模：液化CO_2貯蔵タンク容量　実証機 6,000t／商用機 24,000t
　　海象条件：設計有義波高 10m

実証機は，比較的浮体の規模が小さく，設計外力も比較的小さいので浮体形式は通常の最も安価なバージ型を選定し，係留方式は一般的な多点アンカーチェーン方式を選択した。

一方，商用機は，浮体規模が大きく，設計外力も大きくなること，且つ，水深が比較的浅いことから，バージ型では係留が困難という理由で，波浪動揺特性に優れたモノコラム型という特殊な構造方式を選択した。

6.2 概念設計の例

以下に実証機と商用機の概念設計例を示す。

（1）実証機

搭載設備としては，容量 3,000tの液化CO_2タンクを2基，荷役装置，CO_2圧入装置，動力装置，居住区等である。これらの設備を搭載するバージ船体の主寸法は，全長 100m，全幅 35m，型深さ 8mである。係留方式は，多点係留方式と一点振れ回り係留方式を検討したが，外力的に多点係留でも問題ないため経済的な多点係留方式を選定した。

荷役装置は，LNGで一般的に使用されているチクサン型ローディング・アームとした。

図13に実証機の洋上浮体基地のイメージ図を示す。

（2）商用機

設備としては，容量 3,000tの液化CO_2タンクを8基，荷役装置，CO_2圧入装置，動力装置，居住区等である。これらの設備を搭載する八角形のモノコラム型構造物の主寸法は，全長 86m，

図13　概念設計された洋上浮体基地（実証機）のイメージ図

第10章　CO$_2$輸送技術

図14　概念設計された洋上浮体基地（商用機）のイメージ図

全幅 86m，型深さ 46mである。浮体形式としてはセミサブ型も検討したが，係留力の観点からモノコラム型の方が優れていた。係留方式は，アンカーチェーンによる多点係留方式とした。液化CO$_2$タンクはコラム内に竪型にして格納した。CO$_2$の荷役方法としては，デッキクレーンを使ってホーサーにより液化CO$_2$輸送船を浮体基地に係船し，ローディングホースリールからフレキシブルホースを繰り出して荷役する。

図14に商用機の洋上浮体基地のイメージ図を示す。

6.3　今後の課題

洋上浮体基地の技術的課題で最も重要な課題は，安全で効率的で高稼働率が得られる荷役システムの開発である。海象の厳しい外洋上で2浮体の荷役は非常に大きな技術課題と言える。

また，外洋に大きな構造物を定点保持する洋上浮体基地の構想は，必ずしも経済的とは言えない。高価な液化CO$_2$タンクが，陸上基地と輸送船と浮体基地の3箇所に必要となる。また，外洋上での長期間の操業は，かなりの運航コスト負担となる。

今後は，経済的なCO$_2$輸送システムの検討が望まれる。例えば，洋上の浮体基地を必要としない液化CO$_2$輸送船兼圧入船の開発等が挙げられる。

7　CO$_2$ハイドレート船舶輸送

メタン主成分の天然ガスハイドレート（NGH）と同様，CO$_2$ガスについてもハイドレートとして存在することが判った[3]。ハイドレートとは，水分子の作るカゴ型構造の中にガス分子が取り込まれた包接水和物で，中に閉じ込められるガスの種類によって，生成の有無や容易さ，安定域が異なる。また，本来はハイドレートとしての存在が不安定で，ガスを放出するはずの温度・

CCS技術の新展開

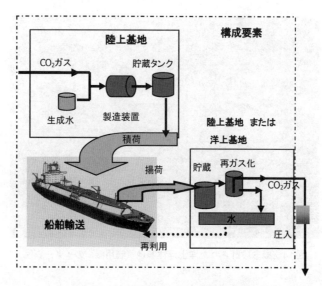

図15　CGH輸送システムの構成要素

圧力領域において，ガスを浸透させない氷の膜で覆われ，準安定的となる現象は自己保存性（Self Preservation）と言われ，貯蔵，輸送上の重要な特性となる。自己保存性はメタンハイドレート[4]で知られているが，CO_2ハイドレート（以下CGHと呼ぶ）でも同様な特性を有することを実験で確認し，その温度，圧力条件を確認し，CGHの貯蔵条件を大気圧，－15℃と設定した。NGHと性状が近いことから，CO_2についても液化輸送に代えて，ハイドレート化輸送の可能性が期待できる。

7.1　CGH輸送の基本システムの構築

輸送システムは，石炭火力発電所で分離・回収されたCO_2を受け取った後，圧入・貯留設備に引き渡すまでの範囲をカバーする（図15）。CGH輸送システムの構成要素とその基本要件を確定するとともに，海水の熱量を利用しての再ガス化後，貯留のための圧入装置に引き渡すCO_2の性状を設定した。

7.2　CGH輸送のモデルケースの設定（実証機ベース）

CO_2の発生源である発電所1箇所と貯留候補地3箇所（陸上基地／洋上着底基地／洋上浮体基地）を設定し，輸送ルートを想定して輸送条件を仮定した。往復移動時間と荷役時間，天候予備日を含めたオペレーションインターバル及び使用岸壁での船舶の喫水制限等から，CGH輸送船のサイズと隻数を設定した（図16）。

　　処理量：811t-CO_2／Day＝3,156t-CGH／Day
　　CGH貯蔵タンク：約11,000t×2基
　　CGH輸送船団：積載重量7,400t×3隻

第10章　CO₂輸送技術

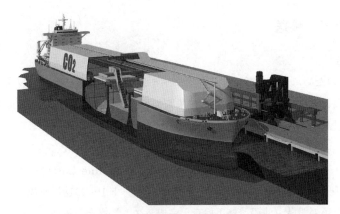

図16　CGH輸送船のイメージ

　　　輸送船の主寸法：長さ 125m×幅 19.4m×深さ 10m，喫水 4.8m
　概略の経済性評価の結果，処理量・輸送量がさらに大きくなる商用機ケース（実証機の約6.5倍）の概念設計は行わないこととなった。

7.3　CGH輸送の特徴
① 　輸送体積は増えるが，大気圧，−15℃という比較的穏やかな状態で安全に輸送できる。
② 　CO_2発生場所にて製造したCGHを中小油ガス田に輸送し，原油増産回収（EOR）としてCO_2を圧入・貯留し，復路に同一の船舶によって天然ガスをNGHとして発電所に運ぶ往復輸送によって経済性を改善できる可能性があることが判った。
③ 　ハイドレート化によるCO_2分離回収技術を新たに採用することによりエネルギー収支上のデメリットを改善できる可能性があることが判った。

7.4　今後の課題
将来の商用化に向けてCGH輸送の検討を続けるための課題は下記；
① 　CGHを船舶で輸送することは例がないため，積荷の種類に関する国際基準・適用法規の確認が必要である。
② 　ハイドレート製造等に要するエネルギーが大きくなるため，冷熱の利用やCGH−NGHの往復輸送，ハイドレート化によるCO_2分離回収技術を採用するなどのエネルギー収支改善のための検討が必要である。
③ 　固体であるハイドレートペレットの貯蔵タンクや船倉での充填率の向上のため，ペレット形状やペレットサイズの組合せ等の最適化が必要である。
④ 　ペレットのタンク内での固着対策，ペレットの積荷・揚荷における効率的な荷役方式についてはさらなる検討が必要である。

8 パイプライン輸送

8.1 海外の動向

　米国ではEORのためにCO_2を輸送するパイプラインが40年近くにわたり操業されており、パイプライン総延長は2,500kmを超え、圧入量も天然のもので4,900万t／年、産業からのもので1,000万t／年に上る実績がある。

　米国内のCO_2パイプライン建設に関して、運輸省（DOT：The Department of Transportation）パイプライン安全局（The Office of Pipeline Safety）は、連邦規格であるCFR（Code of Federal Regulations）タイトル49、パート195の適用を規定している。この中で安全の確立のための設計、建設、施工検査、完成テスト、操業や維持保全などを天然ガスや危険流体と同様に規定している。

　パイプラインの設計において適用される中核となる規格はASME B31.4（Pipeline Transportation System for Liquid Hydrocarbons and Other Liquids）およびASME B31.8（Gas Transmission and Distribution）であることから、材料強度、輸送圧力、管径の選定等の設計方法は、従来の石油・天然ガスパイプラインと同様である。

　なお、経済産業省CCS研究会の報告書「CCS実証事業の安全な実施にあたって」第2章には、諸外国における関連規制に関して「CCS実施のためのCO_2の輸送について、特に新たな規制を保安または環境上の目的から設けていない」との記載がある[5]。

8.2 国内の適用法規

　国内では長距離CO_2パイプラインの実施例がないことから、天然ガスパイプライン等の例を参考とし、以下の通り、高圧ガス保安法を適用法規として設計することになる。

　国内のパイプラインに関する法規には高圧ガス保安法、ガス事業法、電気事業法等があるが、CO_2パイプラインに適用可能と考えられる現行の法規は高圧ガス保安法と、一部、限定的に電気事業法である。

　高圧ガス保安法の一般則およびコンビナート製造事業所間の導管について定められた規則に従って必要な安全対策を整理したうえで、CO_2の性質を考慮してCO_2パイプラインが具備することが望ましい安全対策案は図17に示すようになる[6]。

8.3 輸送条件

　ここでは、石炭火力発電所から排出されるCO_2（約150万t-CO_2／年）をパイプラインで海底下の貯留層まで輸送するシステムを考える。

　実際の火力発電所の位置をスタート地点として設定し、貯留層検討グループから指定された海底下の貯留層を終点として地図や海図から読み取れる範囲で可能な限り正確なルート選定を行った。パイプラインは陸上部17km、海底部108kmとなり、海底部の最大水深は約100mである。

第10章　CO_2輸送技術

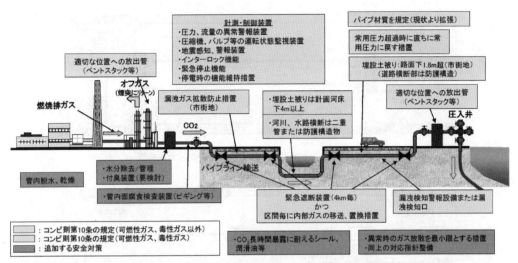

図17　高圧ガス保安法「コンビナート製造事業所間の導管」に基づくCO_2パイプラインの安全対策案

貯留層の条件として，坑口での所要圧力は10.5MPaと指定された。

CO_2は常温の場合，4〜6MPa前後に気液平衡線が存在することから，この範囲の圧力を避けて単相流の領域で輸送する。その結果，以下の2ケースの輸送方法となる。

8.4　パイプ材質と腐食対策

IPCC特別報告書「第4章　二酸化炭素の輸送」の4.2.1節によると，「乾燥したCO_2は，相対湿度が60％未満であれば，通常パイプラインに使用される炭素鋼管（カーボン・マンガン系スチール）に対して腐食性はない。（中略）現場の実績からも高圧の乾燥したCO_2を炭素鋼パイプラインで輸送するうえで問題点はほとんど示されていない。」[7] とある。

ここでも，通常の炭素鋼パイプ（API材）を使用することとする。

発電所から排出されるCO_2には8％程度の水分が含まれているが，それ以外に腐食性の成分はないことから，パイプ内面の腐食防止としては水分除去を中心とし，CO_2に含まれる水分を100ppm以下に脱湿することで対応する。また，パイプ外面の腐食対策は，通常の石油・天然ガスパイプラインと同様に，例えばポリエチレン被覆と電気防食の組合せ等とする。

8.5　パイプライン・システム構成

ケース1（図18）はパイプライン全長にわたってCO_2が気体であるように低圧（設計圧力：3.5MPa）で輸送し，貯留層近傍の圧入設備で再度昇圧する。パイプ呼径は600（外径：610.0mm）である。ケース2（図19）はパイプライン全長でCO_2が液相となるように高圧（設計圧力：15MPa）で輸送し，パイプライン終点では昇圧せずにそのまま貯留層に圧入する。パイプ呼径は300（外径323.9mm）である。

CCS技術の新展開

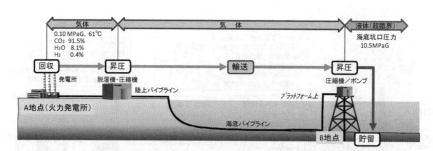

図18 ケース1（ガス相／低圧輸送）のシステム構成

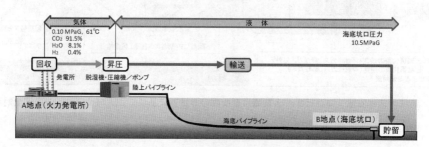

図19 ケース2（液相／高圧輸送）のシステム構成

表2 パイプライン諸元検討結果

	実証規模		商用規模	
流 量	約24万t-CO_2/年		約150万t-CO_2/年	
輸送ケース	ガス相（低圧）	液相（高圧）	ガス相（低圧）	液相（高圧）
設計圧力	4.0MPa	14.0MPa	3.5MPa	15.0MPa
管径（呼径）	250	150	600	300
外 径	273.1mm	168.3mm	610.0mm	323.9mm
材 料	API 5L X52	API 5L X80	API 5L L415 API 5L L555	API 5L L555
管厚（陸／海）	7.1／12.7mm	6.4／9.5mm	11.1／14.3mm	12.7mm

　陸上パイプラインについては，高圧ガス保安法，海底パイプラインについては，同法および「港湾の施設の技術上の基準を定める省令」に従い，それぞれの施工方法を考慮して表2のように材質，管厚等を決定している．

8.6 施工方法

　陸上パイプラインは，都市ガス幹線等と同様に道路下に埋設することとする．交通量の多い地域では，夜間に施工し，昼間は仮復旧するなど手間のかかる工事となるが，施工方法は確立している．海底パイプラインは，レイバージと呼ばれる専用敷設船によって敷設するが，国内にはレイバージがないため，海外から曳航し効率よく工事を行うプロジェクト管理が重要である．

第10章　CO_2輸送技術

8.7　課題

海外では上記のケース2のような液相輸送が普通であり，パイプラインの圧力範囲は通常8～15MPaである。一方，国内ではパイプラインの設計圧力の最高実績は7MPaである。

高圧ガス保安法では設計圧力に上限を設けていないので，7MPaを超える圧力のパイプラインを申請することは可能であるが，高強度材料のパイプを用いるなど，実績のない場合には，事前評価が必要となり，許認可に時間がかかる可能性がある。監督官公庁との早急な協議が必要である。

CCSコストの削減には排出源と貯留層の組合せが重要である。工業地帯に排出源が点在している日本では複数の排出源と複数の貯留層を，パイプラインと船舶を組み合わせて結ぶ輸送ネットワークを構築するなどして，貯留量の総量を大きくすることが必要である。

文　献

1) NEDO, 革新的ゼロエミッション石炭ガス化発電プロジェクト／発電からCO_2貯留までのトータルシステムのフィジビリティー・スタディー／CO_2輸送システムの概念設計　平成20年度～22年度成果報告書（2009～2011）
2) 高圧ガス保安法（昭和二十六年六月七日法律第二百四号, 最終改正：平成一八年六月二日法律第五〇号）
3) 平井秀一郎, 日本エネルギー学会誌, 第80巻12号, p1156-1164（2001）
4) 岩崎徹ほか, 三井造船技報, No.187, p15-21（2006）
5) 経済産業省CCS研究会, CCS実証事業の安全な実施にあたって, p.9（2009）
6) RITE, 二酸化炭素地中貯留技術研究開発　平成18年度成果報告書, p.842-854（2007）
7) IPCC, Special Report on Carbon dioxide Capture and Storage, p.4（2005）

【第四編 CO_2貯留技術】

第11章 CO_2地中貯留技術の動向と今後の展望

村井重夫[*1], 髙木正人[*2], 野村 眞[*3]

1 CO_2地中貯留技術の概要

 CO_2地中貯留技術は排出源から回収したCO_2を安全かつ永続的に地中に貯留することによって，大気中への排出を削減する技術である。CO_2を地中に貯留するための地質構造的条件としては，「貯留層」「シール層」が必要である。「貯留層」としては，多孔質砂岩のような堆積層が適しており，油ガス田や帯水層などがそれに相当する。帯水層については，CO_2地中貯留で対象とする深度では，地下水（地層水：化石海水）の塩分が高いことから，深部塩水層と呼ぶ。貯留層の上部にシール層（キャップロック）を有する構造が必要であり，「シール層」としては難浸透性の泥質岩などがあげられ，代表的な遮蔽構造としてはドーム構造があげられる（図1）。

 また，貯留する際には，CO_2の体積は小さい方が望ましい。CO_2を地中800m以深に圧入する

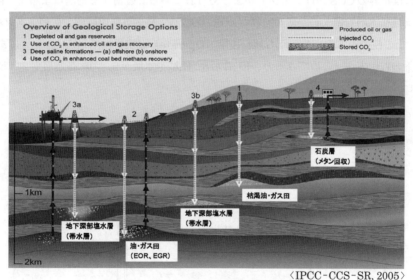

〈IPCC-CCS-SR, 2005〉

図1 CO_2の地中貯留で利用可能な貯留層

---

* 1 Shigeo Murai （財）地球環境産業技術研究機構 CO_2貯留研究グループ グループリーダー
* 2 Masato Takagi （財）地球環境産業技術研究機構 研究企画グループ サブリーダー／同機構 東京分室 分室長
* 3 Makoto Nomura （財）地球環境産業技術研究機構 CO_2貯留研究グループ 主席研究員

ことにより，気相CO_2が地中で超臨界状態となり，気相CO_2に比べ約1/250の体積に圧縮される。まとめると，CO_2地中貯留技術とは，「CO_2を地下800m以深の気体か流体をほとんど通さないシール層を上部に持つ帯水層などの貯留層に圧入し，シール層によって，長期的に安定的にCO_2を閉じ込める技術」と定義できる。CO_2地中貯留技術は，天然ガス地下貯蔵や石油増進回収（EOR）等で蓄積された技術を応用できることから，実用的で即効的なCO_2削減技術として期待されている。

本章では，CO_2地中貯留技術の動向と今後の展望について解説する。まず，CO_2地中貯留プロジェクトや技術の海外動向について述べたのち，国内動向としてRITEがCO_2地中貯留プロジェクトで実施した成果について述べる。また，国内CCSの現状として，日本CCS調査㈱が実施している大規模実証試験の進捗状況について紹介し，最後にCO_2地中貯留技術の実用化に向けた開発課題と今後の展望について述べたい。

2 海外動向

2.1 海外CO_2地中貯留プロジェクトの動向

第2章には世界のCCSプロジェクトがまとめられている。貯留する地層によって，陸域帯水層貯留，海域帯水層貯留，石油増進回収（EOR（図2）），枯渇ガス田貯留，炭層メタン増進回収（ECBM）等の技術がある。このうち運転段階（Operate）と実行段階（Execute）にある12プロジェクトの貯留先をまとめてみると，EORが8，陸域帯水層が2，海域帯水層が2とEORが圧倒的に多い。

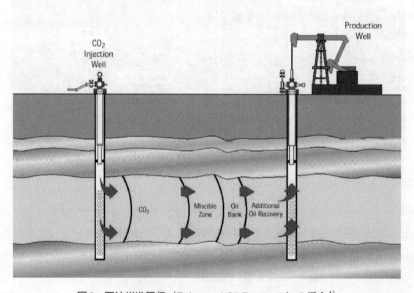

図2 石油増進回収（Enhanced Oil Recovery）の概念[1]

第11章　CO_2地中貯留技術の動向と今後の展望

　商業プロジェクトとして成立するためには収益が確保される必要がある。Sleipnerなどの初期に開始した商業プロジェクトの成立理由としては，次の要因が考えられる。

　　ⅰ)　利用しやすい貯留層や枯渇油田などが，排出源近傍にある
　　ⅱ)　比較的大きな追加投資を必要としない，安価なCO_2源がある
　　　　例えば，天然ガス随伴のCO_2や合成ガス製造時に発生するCO_2の利用
　　ⅲ)　CCS導入のインセンティブが働くこと
　　　　炭素税の支払い回避，石油の増進回収による収入
　　　　環境への配慮・新技術開発への投資効果

　現状ではまだCO_2の排出が強く規制されているわけではない。また一部の国では炭素税やキャップアンドトレードが導入されているが，まだまだ，CCSの実施に見合う炭素価格には達していない。このような状況においては，収入が得られるEORが重要な選択肢となる。

　一方で，陸域や海域の帯水層貯留技術は，地球温暖化対策として貯留しなければならない膨大なCO_2量を考えると重要な技術であり，技術開発が急がれている分野である。このため，実証規模段階に着目すると，多くの帯水層貯留プロジェクトが計画されている。

2.2　研究開発動向

　CCSを実用化するためには，大量のCO_2を安全に地中貯留する技術の開発が必要である。この技術は深い地層の特性を利用するため，CO_2の回収技術や輸送技術のような通常の工業技術とは異なり，自然の特性に十分配慮した手順を踏んで実用化が図られている。地中貯留の実施フローとしては，一般に，貯留サイトの選定，CO_2貯留性能の評価，圧入やモニタリングの計画作成，許認可取得，CO_2の圧入，CO_2のモニタリング，CO_2挙動のシミュレーション，CO_2長期挙動予測の確認，坑井の閉鎖があり，それぞれの工程に関係する技術開発が行われている。

　米国では，エネルギー省（DOE）が図3の様な開発目標に関するタイムラインを発表している[2]。これによると，2020年までにフルスケールの実証試験を開始するため，基礎・応用段階からパイロット規模までの先進的CCS技術の開発を目指しており，さらに技術基盤の確立，リスクの低減を図り，2030年までにCCSの商業化を進める計画である。このため，7つの地域に分けて，その地域の企業を中心としてRCSP（炭素隔離地域パートナーシップ）を設立し，地域ごとに，サイト選定，CO_2圧入試験，モニタリング，アウトリーチといった活動を展開中である。

　モニタリングについては，スライプナーでは4Dの地震探査，長岡では弾性波トモグラフィーなど成果をあげている。また，インサラでは衛星利用の地表変形モニタリング技術が導入された。社会的関心に応える技術としては，CO_2地中貯留の安全性評価に関する技術が注目されるようになってきている。特に，CO_2貯留サイト選定に関わるサイト評価技術，CO_2の漏洩・漏出に係わるリスク評価技術，社会受容性に係わる技術等は，CCSの実用化が近いことから，一段と開発が急がれる分野である。

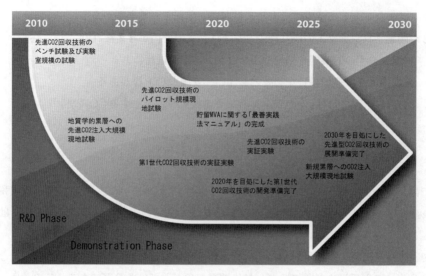

図3　DOEによるCCSのRD&D概要[2]

3　国内動向

わが国では，CCSの研究に関して，1980年代末から国立研究所等において基礎研究が開始された。1995年からは2年間にわたり，CO_2の地中貯留・海洋隔離技術に関する先導研究が実施され，プロジェクト化に向けた検討が進められた。これらの検討を受け，1997年から「CO_2の海洋隔離に伴う環境影響予測技術開発」，2000年から「CO_2地中貯留技術研究開発」，2002年から「CO_2炭層固定化技術開発」が開始されている。

ここではCO_2地中貯留技術研究開発の成果として，わが国のCO_2地中貯留ポテンシャルの推定結果と長岡でのCO_2圧入実験の成果について紹介する。また，現在経済産業省の委託を受け，日本CCS調査㈱が実施している，CCS大規模実証試験に向けての取組について紹介する。

3.1　わが国におけるCO_2貯留層調査と貯留ポテンシャルの算出

わが国におけるCO_2貯留ポテンシャルの算出は1993年に石油資源探査の公開データを基に実施された[3]。さらに2005年には新しい坑井データの追加とCO_2貯留ポテンシャルの計算方法の再検討が行われ，貯留量の見直しがなされた[4]。

① CO_2貯留層の分類

2005年度の検討では，わが国の貯留層を明確なクロージャー構造を持つカテゴリーAとそれ以外のカテゴリーBに大別した上で，さらに下記の5タイプに分類した。番号は調査データの多寡の程度を示し，数字が小さいほど調査データが豊富であることを示す。

　　A1：石油・ガス田

　　A2：基礎試錐が行われた貯留層のうち，背斜構造や貯留岩の存在が確認でき，その深度が

第11章 CO_2地中貯留技術の動向と今後の展望

　　　800m～4,000mの範囲にあるもの
　A3：基礎物理探査の結果から，摘出されたクロージャーのうち，地下深度が800～4,000m
　　　の範囲にあるもの
　B1：水溶性ガス田
　B2：基礎物探データをもとに，堆積層の全層厚が800m以上となるエリアで，水深200m
　　　以浅のもの
　ここで地下深度の800mはCO_2が超臨界状態となる限界点であり，4,000mは深度が大きくなると孔隙率や浸透率が低下するため，貯留岩性状の観点から設けた下限深度である。
② わが国のCO_2貯留層[5]
　これらのCO_2貯留層の位置を図4に示した。北海道，東北から新潟にかけての日本海側，仙台から房総にかけての太平洋側，および山陰から九州北部にかけて貯留層となりうる堆積層が認め

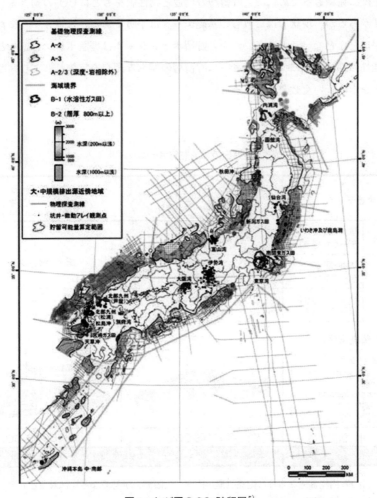

図4　わが国のCO_2貯留層[5]

られる。また，内水面では東京湾，大阪湾，伊勢湾などにも堆積層がみとめられる。一方，瀬戸内地域では厚い堆積層を欠き，浅い基盤深度に花崗岩類や古い時代の酸性岩類が分布しているため，貯留には適さない。

③ わが国のCO_2貯留ポテンシャル

これらの堆積層へのCO_2貯留ポテンシャルをカテゴリー分類ごとに表1に示した。

カテゴリーAで301億トン，カテゴリーBを含めると，わが国でのCO_2貯留ポテンシャルは1,461億トンとなる。

ポテンシャルの算出は図5に示す方法で行われた。$A \times h \times \phi$はCO_2が貯留可能な貯留層の体積を示しており，Sfは空間にCO_2を充填していくときの流れを考慮した貯留率である。超臨界状態のCO_2は比重が0.5と水より軽いため浮力がはたらく。一方，細孔の中のCO_2の移動は，細孔の大きさ等によっても影響を受ける。

貯留量を正確に見積もるためには，貯留層の構造と物性値をもとにCO_2の動きをシミュレーションする必要があるが，現状ではこれらの基礎データは十分であるとは言えず，また場所によってはデータがほとんどないことも多い。先の貯留ポテンシャルは理論ポテンシャルといえるものであり，可能性の高い地域について，さらに貯留層の精密な調査を実施し，より精度の高い貯留ポテンシャルを求めていく必要がある。

表1 わが国のCO_2貯留ポテンシャル[4]

地質データ		カテゴリーA (背斜構造への貯留)	カテゴリーB (層位トラップなどを有する 地質構造への貯留)
油ガス田	坑井・震探 データが豊富	A1 35億t-CO2	B1 275億t-CO2
基礎試錐	坑井・震探 データあり	A2 52億t-CO2	
基礎物探	坑井データなし， 震探データあり	A3 214億t-CO2	B2 885億t-CO2
貯留概念図 貯留メカニズム ・Structural & stratigraphic trapping ・Residual gas trapping ・Solubility trapping ・Mineral trapping		(背斜構造模式図)	(層位トラップ模式図)
小　計		301億t-CO2	1,160億t-CO2
合　計		1,461億t-CO2	

(註1) 内陸盆地ならびに内湾 (瀬戸内海，大阪湾，伊勢湾など) は対象とせず
(註2) 地下800m以深，かつ，4000m以浅が対象

第11章 CO_2地中貯留技術の動向と今後の展望

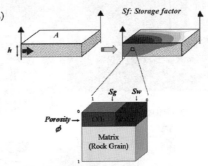

CO_2貯留可能量 = Sf×A×h×φ×Sg/BgCO2×ρ

Sf：貯留率（カテゴリーA：50%、B：25%）
A：面積(m2)
h：有効層厚［層厚×砂泥比(m)］
φ：孔隙率
Sg：超臨界CO2飽和率（50%）
BgCO2：CO2容積係数（0.003）
ρ：CO2密度（0.001976トン/m3）

※1 帯水層の総孔隙体積に対する超臨界CO2を貯留する容積比率
※2 岩野原での値40～50%、ドイツ事例40～60%、カナダでのシミュレーション結果 30～90%から、50%を採用。

図5 貯留ポテンシャルの計算式

3.2 長岡プロジェクトの成果と今後

長岡プロジェクトは，RITE（地球環境産業技術研究機構）が実施主体になって，わが国において初めて実施されたCO_2地中実証試験である（図6）。このプロジェクトの主な狙いは，日本特有の地質構造におけるCO_2帯水層貯留の可能性を検証することで，2000年度から2005年度に実施された成果としては，地下1,100mの帯水層に20～40トン/日で約10,400トンのCO_2を約1.5年で圧入できることを確認したことである。その間，偶然発生した新潟県中越地震でも異常がなく，圧入を継続できたことや坑底や坑口の圧力・温度の計測，微小振動観測などを実施したほか，観測井を用いた物理検層や弾性波トモグラフィー等を実施して，CO_2の地下における挙動を確認できた。さらに，モニタリング結果にもとづいてヒストリーマッチングを行い，CO_2の挙動をシミュレーションで予測できたこと等の成果があった。これらの成果から，わが国における帯水層貯留の基礎的知見が修得できた。次のステップとしてCO_2回収とCO_2地中貯留を統合したCCS大規模実証試験を進めることが，今後の課題であることを明らかにした。最終的なCCSの実用化規模を100万トン/年と考えて，次期実証試験では約10万トン/年以上のCO_2地中貯留の検証が目標として検討されている。また，大規模実証試験とあわせて，我が国の地中貯留ポテンシャルを見極めるための全国賦存量調査，CCSの安全性評価手法の開発，CCSのコスト低減等が今後の開発課題とされている。

2005年度以降，大規模実証試験に向けた調査・計画が進められ，2008年には日本CCS調査㈱が設立され次期実証試験のサイト調査が「気候変動問題対策二酸化炭素削減技術実証試験」プロジェクトとして本格化した（次項3.3参照）。また，安全性評価技術の開発に関しては，「二酸化炭素地中貯留技術開発」の中で継続して進められ，現在は「二酸化炭素回収・貯蔵安全性評価技術開発」プロジェクトとして進められている。この一連の安全性評価技術の開発は，経済産業省

図6　長岡プロジェクトの成果

のCCS研究会（2008～2009年）においてまとめられた「CCS実証事業の安全な実施にあたって」を受けて，地中貯留の安全性や設備の安全性評価，漏洩監視等を制度化するとともに，CCSに対する信頼醸成手法の高度化を図るべく進められている。その成果は大規模実証試験と連携を取って，2020年頃のわが国におけるCCS本格導入に活用することを目指している。

3.3　大規模実証試験の進捗状況

前項において述べたCCS大規模実証試験は，CO_2の分離・回収から輸送，圧入・貯留までの一連のシステムをトータルシステムとして実証することを目的としている。そのため，火力発電所や大規模な工場などの実際のCO_2排出源から分離・回収したCO_2を約10万トン/年規模で地中貯留することが計画されている。また，CO_2圧入終了後も地中貯留したCO_2の挙動を把握するため，モニタリングを実施することになる。2008年以降，日本CCS調査㈱が経済産業省の委託を受けて大規模実証試験の候補地点選定のための調査を進めており，現在までに候補地点を3地点に絞り込んでいる。貯留層のタイプとして，生産終了油ガス層，構造性帯水層，非構造性帯水層（新第三紀以降），非構造性帯水層（古第三紀）を選び，CO_2排出源とのマッチングから勿来・磐城沖，苫小牧，北九州を候補地点として調査・検討が進められている。

候補地点の内，地層調査の事例として，苫小牧における調査状況を図7に示す。2009年に3D弾性波探査を実施し，2010年には更に広範な地域のデータを取得するため追加の弾性波探査を実施している。また，2010年から2011年にかけて，陸域から調査井を2本掘削（1本は傾斜井，

第11章　CO_2地中貯留技術の動向と今後の展望

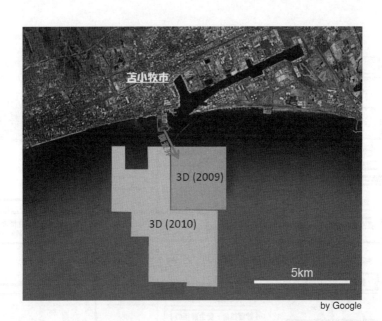

図7　苫小牧地点の地質調査実施状況（2011年7月）[6]

他の1本は垂直井）して，地層サンプルを採取し，コア試験を行っている。非構造性帯水層としては深度約1,100mの萌別層を，構造性帯水層としては深度約2,400～3,000mの滝ノ上層を対象として評価している。現在，日本CCS調査㈱では，掘削時の調査データや，コア試料の分析結果等を基に両層について，CO_2貯留層としての総合評価を進めるとともに，その評価結果を踏まえた実証試験計画（案）の策定が進められており，今後わが国における大規模実証試験が具体化するものと期待される。

4　CO_2地中貯留実用化のための課題と今後の展望

CO_2地中貯留を2020年頃までに実用化とするためには，今後大規模実証試験の実施と併行して地中貯留の安全性評価技術を確立する必要がある。安全性評価の技術開発では，図8に示すように，CO_2の長期挙動予測手法とリスク評価手法を合わせて開発し，最終的にはCO_2地中貯留の安全性評価のマニュアル作成やISO化等の標準化を行う必要がある。これらの取組がCCS大規模実証試験を推進するとともに，環境省による許認可関係の手続きを支援することになり，そこから得られる知見や経験がCCSの本格的な実用化に寄与すると期待できる。

CO_2の長期挙動予測手法の開発は，貯留性能の評価を目的にする地層モデリング構築と，貯留層内のCO_2挙動の解析を目的とするモニタリング技術の開発や長期挙動予測シミュレーション技術を開発することによって達成できる。一方，リスク評価手法の開発は，万一CO_2が漏洩・漏出するシナリオを想定し，CO_2の漏出フラックスや漏出範囲を試算できるCO_2移行シミュレーショ

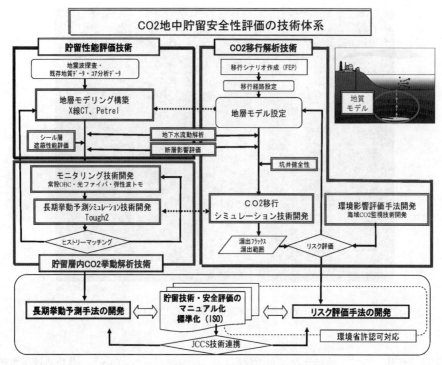

図8 CO_2地中貯留安全性評価技術開発の体系図

ン技術を開発するとともに，そのリスク評価基準を定めるための環境影響評価手法を開発することによって達成できる．坑井掘削については後述する第14章「CO_2圧入技術」において，安全性評価技術の主な要素技術については後述の第12章「CO_2地中貯留メカニズム」，第13章「地質モデリング技術」，第15章「CO_2モニタリング技術」，第16章「CO_2挙動シミュレーション技術」において詳説する．

現在，CO_2地中貯留技術はCO_2の大規模発生源からCO_2を分離・回収し，大量に，かつ，安全に帯水層へ地中貯留することを目的に技術開発が進められている．一方，小規模排出源から回収したCO_2をローカルに地中貯留する分散型CCSへの期待も高まっているため，CO_2を効率よく地層水に溶解して地中貯留する技術の開発が期待されている．後述の第17章「新CO_2貯留技術」において，その一例を紹介する．また，CO_2の有効利用の観点から，石油増進回収や炭層メタン増進回収に関する技術開発が求められている．さらに，地熱利用，鉱物化利用，或いはメタン菌等を利用する地中貯留技術が従来から研究されているが，更なる研究開発が期待されている．これらの技術開発を通じて，画期的なCO_2の有効利用範囲の拡大やコスト低減に寄与できる新技術開発の探索が期待される．

第11章　CO_2地中貯留技術の動向と今後の展望

文　　献

1) IPCC Special Report on Carbon Dioxide Capture and Storage, 2005, Cambridge University Press.
2) DOE/NETL CARBON DIOXIDE CAPTURE AND STORAGE RD&D ROADMAP DECEMBER 2010
3) エンジニアリング振興協会 石油開発環境安全センター「CO_2地中処分技術調査 平成5年度報告書」(平成6年)
4) 地球環境産業技術研究機構「平成17年度二酸化炭素固定化・有効利用技術等対策事業二酸化炭素地中貯留技術研究開発　成果報告書」第3篇第2章（平成18年3月）
5) 地球環境産業技術研究機構「平成19年度二酸化炭素固定化・有効利用技術等対策事業二酸化炭素地中貯留技術研究開発　成果報告書」第3篇第2章（平成20年3月）
6) 日本CCS調査㈱　阿部正憲部長講演資料「日本におけるCCS実証試験に向けた取組み」エネルギー・資源学会「低炭素社会に関する調査研究」第27回調査委員会（平成23年7月1日）

第12章　CO_2地中貯留メカニズム

三戸彩絵子*

1　はじめに

　地球温暖化対策の観点から，地中貯留では地下にCO_2を圧入するだけでなく，圧入が終了したのちも長期にわたってその場にCO_2が留まることが望まれる。CO_2が地中貯留される仕組み（トラップメカニズム；Trapping mechanism）は，石油や天然ガスが地下深くの貯留層に安定して長期間蓄えられている仕組みと基本的には同じであるが，化学反応性に富む点が石油や天然ガスとは異なる。CO_2は炭酸水として知られるように水に溶解でき，鍾乳石として知られるように炭酸塩鉱物として析出することができる。このような化学反応を含むCO_2のトラップメカニズムについて新たに検証することが，数千年以上にわたる貯留の安全性を評価するために必要である。

　IPCC特別報告書「CO_2回収・貯留」[1]では，CO_2の貯留年数とトラップメカニズムの関係を図1のように推定している。貯留層に溜められたCO_2が地質構造によって閉じ込められ，流動性をなくし，さらに地層水に取り込まれ，鉱物にまで変質することにより，浅部への移行リスクが低

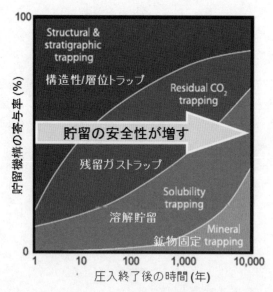

図1　CO_2トラップメカニズムの変遷と貯留の安全性

＊　Saeko Mito　㈶地球環境産業技術研究機構　CO_2貯留研究グループ　主任研究員

第12章 CO_2地中貯留メカニズム

減されて地中貯留の安全性が増すと提唱されている。それぞれのトラップメカニズムを，構造/層位トラップ（Structural & stratigraphic trapping），残留ガストラップ（Residual gas trapping），溶解トラップ（Solubility trapping），鉱物固定（Mineral trapping）として示している。構造/層位トラップと残留ガストラップは油ガス田開発で用いられている概念である。溶解トラップや鉱物固定はCO_2地中貯留のために追加された概念である。

本章では地中貯留におけるCO_2のトラップメカニズムについて整理し，長岡実証試験サイトから得られた知見について記す。

2 トラップメカニズム

ここでは貯留層内でのCO_2の存在形態をもとに，トラップメカニズムを物理トラップ（Physical trap）と地化学トラップ（Geochemical trap）の2つに大別し，整理した（表1）。物

表1 CO_2の貯留機構と形態

貯留機構	概要	CO_2の存在形態
物理トラップ Physical trapping	圧入されたCO_2が貯留層を構成する砂岩などの粒子の隙間（孔隙）の地層水を押しのけて孔隙内に溜められること。	
構造/層位トラップ Structural/stratigraphic trapping	地層の堆積や褶曲，断層形成によってCO_2を溜める構造が備わった貯留層にCO_2が留まること。ガストラップと同義で使われることもある。	CO_2全般
ガストラップ Gas trapping	ガスまたは超臨界CO_2が孔隙に溜められること。「超臨界トラップ」と称することはほとんどない。キャピラリートラップとも呼ばれる。	$CO_2(sc)$, $CO_2(g)$
残留ガストラップ Residual gas trapping	ガストラップの一種。CO_2は圧力勾配や地層水との密度差で移動できるが，その移動から取り残されて不動となった状態のこと。	$CO_2(sc)$, $CO_2(g)$
地化学トラップ Geochemical trapping	物理トラップされたCO_2が地層水や岩石と反応して貯留されること。ガストラップと異なりCO_2単体で移動できない。	
溶解トラップ Solubility trapping	CO_2の気液分配（ヘンリーの法則）によって地層水に溶けて保持されること。広義にはイオン化トラップを含む。	$CO_2(aq)$, H_2CO_3
イオン化トラップ Ionic trapping	CO_2が水に溶けたのち，解離反応によってイオン化すること。この時H^+イオンも生成するので，地層水のpHは低下し，酸性化する。	HCO_3^-, CO_3^{2-}
鉱物固定 Mineral trapping	酸性化した地層水を中和するためにケイ酸塩鉱物などから供給されたCa^{2+}などとHCO_3^-が反応し，CO_2は炭酸塩鉱物として固定されること。	$CaCO_3$などの炭酸塩鉱物

sc（supercritical）；超臨界状態
g（gas）；ガス態
aq（aqua）；水和錯体

理トラップには，構造/層位トラップ，ガストラップ（Gas trapping），残留ガストラップ（Residual gas trapping）が含まれる。物理トラップとは概ね，CO_2が水に溶けない状態で孔隙の中に機械的に閉じ込められるガストラップを意味する。地化学トラップには溶解トラップ（Solubility trapping），イオン化トラップ（Ionic trapping），鉱物固定（Mineral trapping）が含まれる。地化学トラップはCO_2が地層水に溶解したのち，すなわち化学反応によってCO_2の存在形態が変化したのちの貯留を意味する。以下では，各トラップメカニズムについて個別に解説する。

2.1 構造/層位トラップ

CO_2を貯留する地層としては，貯留量が多く期待できることから帯水層が着目されている。帯水層は河口域や海底に砂や泥の粒子が堆積し，長い年月をかけて砂層と泥層が交互に積み重なることで形成される。粒子の隙間である孔隙には堆積当時の塩水（地層水）が蓄えられている。

粒子の大きい砂などが堆積した浸透性の高い地層が貯留層となり，その上部に粒子の小さい泥などが堆積した浸透性の低い地層が形成されればシール層となる。貯留層とシール層の組合せによりCO_2が貯留層に封じ込められることを構造/層位トラップと呼ぶ（図2a）。構造/層位トラップは貯留層の形状やシール方式，CO_2の貯留可能量を議論する上で用いられ，CO_2の存在形態を区別せずに使われる場合が多い。CO_2の存在形態の変化に着目したトラップメカニズムの研究では，次に述べるガストラップと同義に扱われる。

2.2 ガストラップならびに残留ガストラップ

CO_2の圧入中は圧入井に貯留層圧力よりも高い圧力がかかるので，圧入井と貯留層との間に圧力勾配が生じる。圧入されたCO_2は圧力勾配によって地層水を押しのけ，孔隙内に貯留される。この状態をガストラップという。貯留深度や温度によってCO_2はガスまたは超臨界で存在するが，

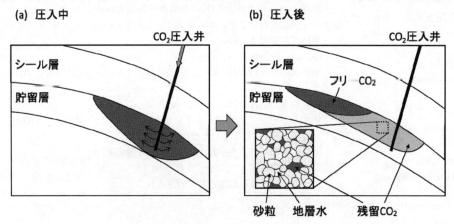

図2　CO_2物理トラップの模式図

第12章　CO_2地中貯留メカニズム

いずれの場合もガストラップされたと称す。圧入終了後は圧入井と貯留層間の圧力勾配を解消するようにCO_2が移動する。圧力勾配がなくなった後はCO_2の密度は地層水の密度よりも軽いので、CO_2は浮力によって地層傾斜に沿って上方へと移動する。このように一度CO_2が溜まった場所に再び地層水が戻り、CO_2が孔隙内に取り残されて不動となる状態を残留ガストラップという（図2b）。残留CO_2に対して、移動可能なCO_2は遊離CO_2またはフリーCO_2と呼ばれる。ガストラップに占めるフリーCO_2の割合が減少し、残留CO_2の割合が増加すれば、CO_2の移動が制限されるので、地中貯留の安全性が増すと考えられている。

現在、CO_2地中貯留の圧入実証試験は世界各国で始まっているが、圧入を継続しているサイトが多く、圧入を終了したサイトは限られている。そのため、圧入終了後のCO_2分布をモニタリングできているサイトは少ない[2~4]。わが国の長岡サイトは、総圧入CO_2量が約1万トンの小規模圧入試験サイトであるがガストラップのみならず、残留ガストラップの兆候をとらえている貴重なサイトである[2,3]。観測井におけるCO_2飽和度の変化を圧入井の坑底圧の変化とともに図3に示す。CO_2飽和度とは、孔隙内を占めるCO_2の体積割合である。CO_2は圧入開始から8ヶ月後に圧入井から40mの距離を移動してOB-2へ到達した。この時CO_2飽和度は0.1程度であった。およそ1年半の圧入期間を終了した後もCO_2飽和度は上昇して0.5～0.6程度の高い値を保った。圧入終了後、圧入井の坑底圧は速やかに低下し、1年半ほど経過するとほぼ初期値に戻り、CO_2飽和度も減少しはじめた。このような場所では残留トラップが始まったと推測される。今後、観測を継続し、CO_2飽和度が低い値で一定になれば、長岡サイトにおける残留ガストラップ量が明らかになる。

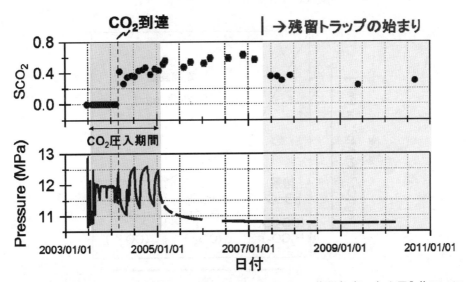

図3　長岡実証試験サイトの観測井OB-2の1116.0mにおけるCO_2飽和度（S_{CO_2}）と圧入井IW-1における坑底圧の経時変化

CCS技術の新展開

2.3 溶解トラップならびにイオン化トラップ

貯留層の中で起こるCO_2の形態変化の模式を図4に示す。ガストラップされたCO_2はヘンリーの法則に従ってその分圧に対応して水和錯体（$CO_2(aq)$）となる。水和錯体は水分子と結合して炭酸（H_2CO_3）となる。現在の分析手法では水和錯体と炭酸の区別がつきにくいため，総称して$CO_2(aq)^*$または$H_2CO_3^*$と標記される場合がある。ここではいずれの形態も簡便のため

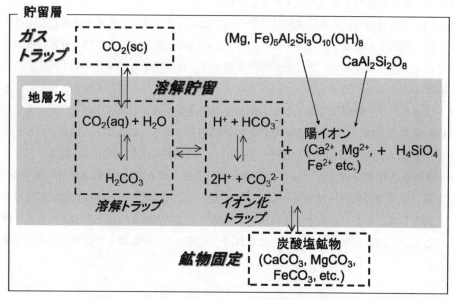

図4　CO_2トラップメカニズムと地化学反応

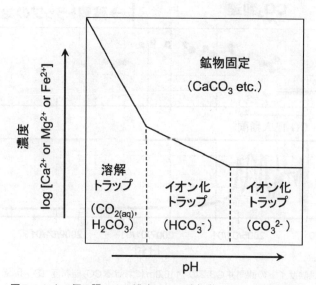

図5　pHと2価の陽イオン濃度による地化学トラップの優占形態

第12章 CO$_2$地中貯留メカニズム

CO$_2$(aq)と記し，この状態でCO$_2$が貯留されることを溶解トラップと呼ぶ。溶解トラップ量は，CO$_2$分圧の他，温度，地層水の塩分濃度やイオンバランスによって異なる。さらに化学反応が進んでCO$_2$(aq)から水素イオン（H$^+$）が解離されると，地層水のpH($=-\log_{10}$[H$^+$])によって炭酸水素イオン（HCO$_3^-$）や炭酸イオン（CO$_3^{2-}$）が生成する。CO$_2$がHCO$_3^-$やCO$_3^{2-}$として貯留される状態をイオン化トラップという。溶解トラップとイオン化トラップはともに地層水中にCO$_2$が保持されている状態を示すので，両者をあわせて溶解トラップと総称することが多い。ここでは溶解トラップと区別するために，総称を溶解貯留と記す。溶解貯留されるCO$_2$の存在形態は地層水のpHによって決定される（図5）。ひとたび地化学トラップが始まると，CO$_2$は浮力を失い地層水中に保持されるが，溶解トラップの段階では炭酸飲料と同様に，圧力が低下すると容易にガス化し水中から遊離する。イオン化トラップされると簡単にはガス化されないので，貯留の安全性が増す。

わが国における貯留層相当の地層水はノルウェーのSleipnerサイトやアメリカのFrioサイトに比べて塩分濃度が低く，溶解トラップが期待できる（図6）。ガストラップされているCO$_2$は絶縁体となるが，イオン化トラップされたCO$_2$は導電性があるので，地層水の比抵抗が低下する。

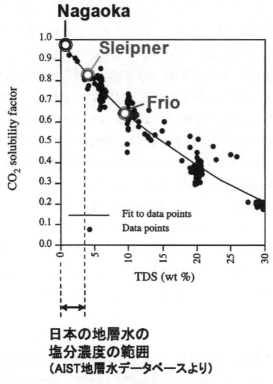

図6 CO$_2$の溶解しやすさ
TDSは地層水に溶けている塩量の重量百分率であり，CO$_2$ solubility factorは純水に溶解できるCO$_2$量を1とした時の溶解割合

CCS技術の新展開

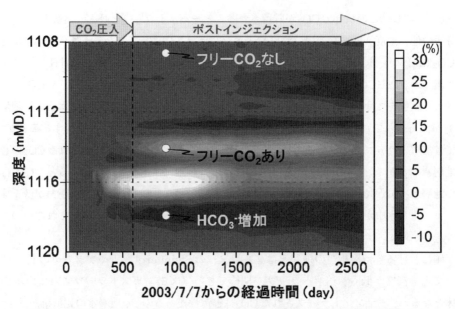

図7 長岡実証試験サイトOB-2の貯留層における比抵抗検層結果の変化率の経時変化
○は2005年12月に実施した流体採取ポイント

長岡サイトのOB-2の貯留層区間（1108〜1120m）における比抵抗の変化率の経時変化を図7に示す。灰色から白で示された比抵抗の増加領域では，CO_2はガストラップされていると考えられた。一方，灰色から黒で示された比抵抗の低下領域は溶解トラップされたCO_2が存在すると考えられた。確認のために，CO_2圧入終了後11ヶ月目に深度1108.6m，1114.0m，1118.0mから地層流体を採取した[5, 6]。比抵抗が増加した1114.0mからは地層水はほとんど採取されず，ガスが採取された。ガス中のCO_2濃度は98.8％であり，CO_2がガストラップされていたことが実証された。一方，比抵抗が低下した1118.0mと比抵抗がほとんど変化していない1108.6mからはガスが採取されず，地層水が採取された。地層水中のHCO_3^-濃度を調べたところ，1108.6mではCO_2圧入前とほぼ同じ327ppmであり，1118.0mでは2320ppm（＝0.2％）に増加していた（図8）。さらにCO_2圧入に伴うpHの低下により，地層を構成する鉱物からカルシウム，マグネシウム，鉄などの陽イオンも供給されており（図8），地層水の導電率が増加していた。このように，比抵抗の低下している領域では溶解貯留が起こっていることが実証された。溶解貯留はガストラップとほぼ同じ時期から始まっていることも明らかになった。

2.4 鉱物トラップ

イオン化トラップされたCO_2が地層水に溶けている陽イオン（たとえばCa^{2+}など）と反応して炭酸塩鉱物（$CaCO_3$など）となることを鉱物固定という。鉱物固定されると，CO_2は移動できなくなる。CO_2の移動能力を考えると，もっとも安全な貯留形態は鉱物固定となる。しかし，地層から地層水への陽イオンの供給やpHなどに制御され（図5），CO_2が炭酸塩鉱物になるには

第12章　CO₂地中貯留メカニズム

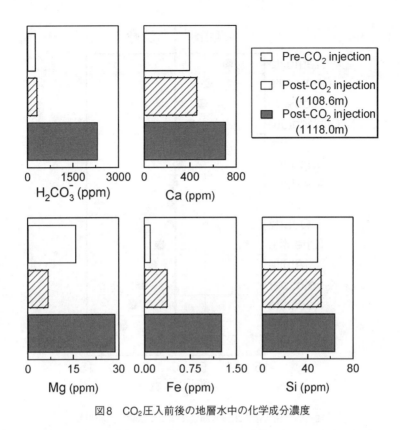

図8　CO₂圧入前後の地層水中の化学成分濃度

数千年以上かかったり固定量が期待できなかったりする場合がある。鉱物固定が機能するようなCO₂圧入終了後のサイトはまだなく，地化学トラップがどの時期に貯留層内のどこで起こるかについては未知の部分が多い。

　貯留層内の鉱物組成を直接観測することは困難であるため，長岡サイトでは流体採取時に得た地層水組成から炭酸塩鉱物生成の可否を検証した。鉱物が溶解するか沈殿するかは地層水中に含まれる鉱物構成元素の濃度から平衡論的に判定できる。たとえば，炭酸カルシウム（CaCO₃）の場合，地層水中の炭酸イオン濃度［CO_3^{2-}］とカルシウムイオン濃度［Ca^{2+}］との積（イオン活量）がCaCO₃の溶解度積よりも大きければ沈殿し，小さければ溶解する。イオン活量/溶解度積の対数は，飽和指数と呼ばれる。言い換えれば，飽和指数が正であれば鉱物は沈殿し，負であれば溶解する。OB-2の1118.0mから採取された地層水の組成からCaCO₃の飽和指数を求めたところ0.7であり，CaCO₃は沈殿できる状態にあることが分かった。飽和指数がさらに大きくなれば鉱物固定は比較的早い段階から起こると考えられるが，pHが低下して［CO_3^{2-}］も低下すれば飽和指数は小さくなりCaCO₃が溶解するかもしれない（図5）。鉱物固定に関する現象の理解をより深めるためには，地層水の採取を数回繰り返し，速度論的な検証を加える必要がある。

　鉱物固定量の推定方法として，現場観測のほか数値解析手法も用いられる。初期条件によって

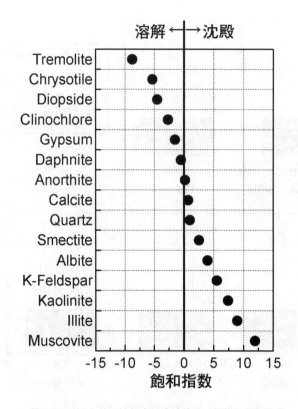

図9 CO_2圧入後の地層水組成に基づく鉱物の飽和指数
負の値は鉱物が溶解できる・正の値は沈殿できる条件にあることを示す。

鉱物固定量が大きく異なる[7, 8]ので，CO_2圧入前の地層水組成と鉱物組成を把握することは必須である。また，数値解析の予測精度を向上させるためには，現場で得られるCO_2分布や溶液組成と数値解析結果をマッチングさせる必要がある。

3 おわりに

長岡サイトでは，CO_2圧入中にガストラップと溶解貯留されたCO_2が観測井でほぼ同時に確認され，CO_2圧入終了後2年半ほどから，残留ガストラップが進行しつつあることが示された。長岡サイトにおける圧入終了後のモニタリングを継続すれば，貯留層内のトラップメカニズムを理解するための貴重な知見を提供することが可能となる。

現場での観測は実際に起きた現象を理解する上で有用であるが，CO_2地中貯留の長期安全性の評価には数千年後や数万年後の貯留状況を予測することも求められる。今後，サイトごとに地質構造，鉱物組成，地層水組成を把握し，モニタリング結果とCO_2長期挙動予測結果のマッチングを積み重ねることもトラップメカニズムを理解し，予測精度を向上させる上で重要である。

第12章　CO_2地中貯留メカニズム

文　献

1) IPCC "IPCC Special Report on Carbon Dioxide Capture and Storage" Prepared by Working Group III of the Intergovernmental Panel on Climate Change [Metz, B., O. Davidson, H. C. de Coninck, M. Loos, and L. A. Meyer (eds.)], 442 pp, Cambridge University Press (2005)
2) 薛自求, 渡辺二郎, 資源と素材, **124** (1), 68-77 (2008)
3) K. Sato, Mito S., Horie T., Ohkuma H., Saito H., Watanabe J., Yoshimura T., *International Journal of Greenhouse Gas Control*, **5** (1), 125-137 (2011)
4) S. D. Hovorka, Southwest Hydrology, SEPTEMBER/OCTOBER, 26-31 (2009)
5) S. Mito, Xue Z., Ohsumi T., *International Journal of Greenhouse Gas Control*, **2** (3), 309-318 (2008)
6) 三戸彩絵子, 薛自求, 大隅多加志, 地学雑誌, **117** (4), 753-767 (2008)
7) P. Audigane, Gaus, I., Czernichowski-Lauriol, I., Pruess, K., Xu, T., *American Journal of Science*, **307**, 974-1008 (2007)
8) S. Thibeau, Nghiem, L. X., Ohkuma, H. A., SPE, 109739 (2006)

第13章　地質モデリング技術

千代延　俊*

1　はじめに

　CCS技術の一つとして，火力発電所等の大規模排出源から分離回収した大量のCO_2を地下深部塩水層（以下，帯水層と表記）に貯留するCO_2地中貯留技術が世界各国で実用化されつつある。この技術には，石油掘削技術や天然ガスの地下貯蔵，石油増進回収（EOR）などで蓄積された技術を応用できるので，二酸化炭素削減策として最も実用的で即効性の高い技術として期待されている。

　CO_2地中貯留の地下開発に対する技術的なフェーズは，事業計画に基づく地下地質の調査および貯留性能評価，掘削および実データの採取（コア回収，検層記録取得），CO_2圧入，圧入後の監視（モニタリング）に大区分される（図1）。このうち地下地質の調査および貯留性能評価は，地質学，水理学，地化学および地質工学など多岐に渡るデータを統合的に解釈した地質モデルを構築する作業といえる。この地質モデルは，事業全体の根幹をなす基礎データとなり，具体的にはCO_2圧入やその後のモニタリング計画立案，安全性を評価するうえで欠くことのできないデータとなる。そこで，本章ではCCS事業に特化した地質モデルの構築について解説する。

2　地質モデル構築の流れ

　CO_2地中貯留事業において事業計画がなされた後には，その計画地点（貯留サイト）が事業に適した地質条件を備えていることを確認しなければならない。そのサイトがCO_2地中貯留に適しているかの評価には，石油開発の評価手法を応用することができる。しかしながら，CO_2地中貯留では石油開発とは異なり，CO_2を貯留する器の容量とCO_2の移動を遮断・閉じ込める能力を調べることが重要である。すなわち，貯留層性能，漏洩に対するシール層能力，トラップメカニズムの評価（貯留性能評価）ということになる。そこで，最初に貯留サイトの地質構造を知るために地表地質調査や弾性波探査による概査が必要となる。その結果に基づき，地下地質およびその構造を解釈しCO_2を地下のどの地層に貯留することが可能なのかを検討する。この一連の作業が地質モデルの構築といえる。その後，構築された地質モデルに基づいて圧入と移行のシミュレートを行い，掘削やCO_2圧入の作業へ向けて貯留性能の総合的な評価を行う。その上で，実際の掘削工事作業を進め，掘削に伴って得られる岩石コアや検層記録などを再度地質モデルへ反映させ

＊　Shun Chiyonobu　㈶地球環境産業技術研究機構　CO_2貯留研究グループ　研究員

第13章　地質モデリング技術

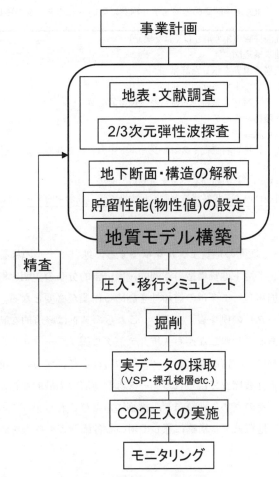

図1　CO_2地中貯留の開発フロー

た上で地下地質構造を精査する。そして，再び繰返しシミュレーションを行ったうえで実際のCO_2圧入を実施する（図1）。以上のように，CO_2地中貯留における地質モデルの構築に関しては，様々な種類の調査および探査を統合して検討することが重要な点である。

3　地質モデル構築に必要な調査・探査の種類

　CO_2地中貯留で重要な貯留性能評価は，貯留サイトの地質を総合的に解釈しなければならない。そのために，貯留サイトの地質特性評価で重視すべきデータはいくつかあり，直接的なデータとしては，貯留サイトもしくはその周辺の坑井から得られた堀屑，岩石コア試料や地下流体試料がある。間接的なデータとしては弾性波探査記録や各種検層記録なども極めて重要である。岩石コアや弾性波探査などのデータから地球物理学，地質学，水文地質学，岩盤力学，資源工学などの

表1 CO_2地中貯留の地質モデル構築に用いられるデータの種類

- 対象地域の弾性波探査（3次元もしくは2次元）
- 貯留層付近の地質構造図
- 断層帯など地質構造境界を示した詳細図
- 貯留層や断層を示した水平方向の変化図
- 岩石コアとカッティングス試料から得られる地学的記載
- 裸坑状態での各種物理検層データ
- 生産能力（揚水）試験データ
- 空隙率，透水性，鉱物岩石記載，スレッショルド圧力，岩石強度試験など室内実験での岩石力学的データ
- 断層活動性や断層のずれの傾向を決定するための解析データ
- 新たに生じる可能性のある地質構造運動を示す地震学，地形学的データおよび地質構造調査

情報を抽出し，2次元・3次元の地質モデルを構築する。地質モデルの構築には，これら多様なデータを矛盾無く統合して地下地質構造の空間的・層位学的分布の説明・解釈を行い，貯留層サイト特有の地質情報を加味したモデルの信頼性を高める作業が必要となる。地質モデル構築に用いる基本的な調査（データ）の例を表1に示す。これらの調査は経済的な制約ですべてを実施することが困難な場合もある。しかしながら，坑井データや露頭データからのサイトの地質学的な記載や各種物理検層記録は，貯留層およびシール層の特性を把握するのに必須であり地質モデルの基礎をなす。また，弾性波探査で得られるデータは貯留層の広域的な拡がりや断層，割れ目を特定するデータとなる。そのため，地質モデル構築にあたりこれらデータの取得は最重要項目となる。以下の各項では，地質モデル構築に際して用いる各種調査や探査を概略的に紹介する。

3.1 地質学的記載

地質学的記載を進めるには，調査井などを掘削した際に採取されるカッティングスや岩石コアを用いる。カッティングスは坑井を掘り進める際に出てくる堀くずで，それに含まれる堆積物の粒度や鉱物組成を分析し岩相柱状図を作成する。さらには，貯留層やシール層などで回収された岩石コアの観察および堆積学的分析から詳細に岩相を決定する。岩石コアの地質学的調査を行う際には，X線CT装置を活用した岩石コアの断層画像解析も有効である。このX線CT装置による画像は，岩石内部の砂層や礫層，堆積構造の空間分布をミリメートル単位で取得することが可能で，これまで対象物の表面を観察することでは確認することのできなかった礫・砂の分布構造や微細な堆積物の不均質性を詳細に把握することができる（図2）。この地質学的記載に基づき層位学的検討を行い，貯留層やそれより上位の地層の層序を決定する。

また事業計画地が石油や天然ガスフィールドである場合は，周辺に採掘用の坑井が存在する。そのため，そのような坑井から地質層序の大枠や，貯留層やシール層の広域的な拡がり，砂礫層分布の不均質性などを抽出し，水平方向に広がる貯留層の等層圧線図や地質構造図などを作成することが可能である。

第13章　地質モデリング技術

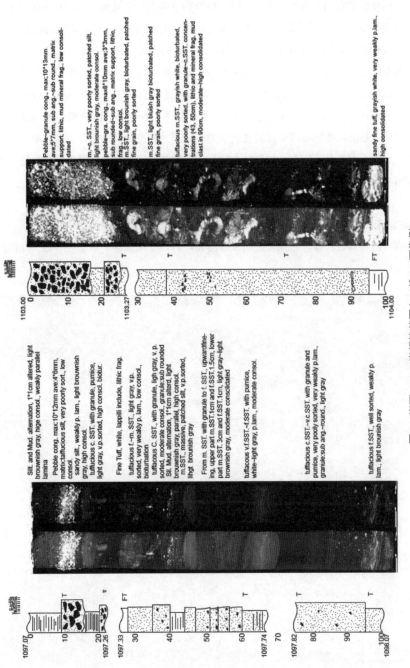

図2　岩石コアの岩相柱状図とX線CT画像例

3.2 各種物理検層

地質モデルの構築では，調査井や観測井，圧入井の掘削時にケーシングを挿入する前（裸坑時）に実施する各種検層が有効である。とくに貯留層の層位分布や広域的な拡がりを検討するには坑壁面の岩石特性を連続的かつ円柱状に捉える電気検層（代表的なものにFullborehole Formation MicroImager（FMI）検層；Schlumberger社など）が強力なツールとなる。このような検層と地質学的記載を統合して連続的な地質層序を検討する。また地質モデル構築の過程で使用される物理検層の代表的なものに，放射能検層（Natural gamma ray検層，Neutron検層，Formation density検層など）や比抵抗や自然電位検層（Resistivity検層，SP検層）があり，地質層序の対比・検討に用いるほか泥岩含有率や孔隙率，密度，浸透率なども判定できる。これらの検層データから得られる岩石の物性値を地質学的記載結果とともに解析して，地質モデルに定量的な数値を与えることが可能である。

3.3 弾性波探査

弾性波探査（地震探査）は，石油・天然ガス開発において掘削をすることなく，間接的に地下

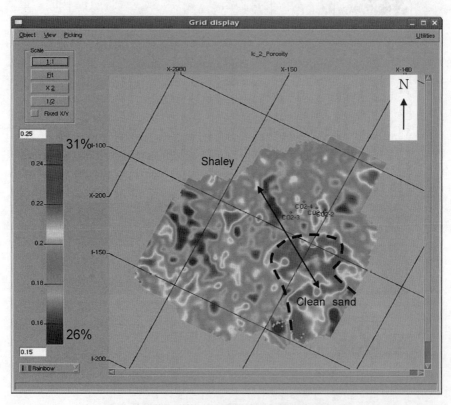

図3　統計学的手法による弾性波探査記録の再構成例
孔隙率分布から岩相の空間分布を示した例（長岡サイト貯留層準約1,100m付近の孔隙率分布）。

第13章 地質モデリング技術

の構造を調べる手段として極めて有効とされている。この探査は，人工的もしくは自然振動による弾性波動を利用して地下構造を調べる技術で地球物理探査の1つである。砂岩や泥岩などのように物理的な性質が異なる地層が重なっていると，その境界面では弾性波が屈折もしくは反射現象を生じて地上へ戻ってくる。この現象が発生する時間を測定して反射面のありかを探るのが弾性波探査である。弾性波探査の種類としては，2次元や3次元の地下地質構造を調べるものや，掘削坑井を用いたVertical seismic profiling（VSP）探査などがある[1]。地質モデルの構築作業では最初期に，貯留層サイト周辺地域の地質学的解釈と併せて，2次元もしくは3次元の弾性波探査を用いて貯留サイトの地質層序を解釈し，貯留サイトの地下地質構造の大枠を概査する。

ところで，上述のように掘削時に得られた岩石コアからは岩相変化，孔隙率，粒子密度，浸透率，相対的浸透率，毛管圧力，スレッショルド圧力などが測定され，検層記録からはさまざまな岩石物性値が解析される。これら試験から得られた定量的な観測（試験）記録と弾性波探査記録（波形）を統計学的手法により再構成し，3次元の弾性波探査記録を岩石物性値変換する解析手法がある[2〜4]。この解析により岩石性状に関するパラメータの地下空間分布を推定することが可能になる。具体的な例を挙げると，貯留サイトで得られた3次元弾性波探査記録と中性子検層（neutron検層）を解析することで，ある地下深度での孔隙率の空間的拡がりを表示することが可能である（図3）。この解析を進めることで，貯留層サイトの地下の岩石性状パラメータを3次元で表現することが可能で，シミュレーションの高精度化へ寄与する。

4 各種探査記録の統合

地質学的記載・物理検層記録・弾性波探査記録を用いて，統合的に地下地質をモデル化するには，市販されているソフトウェアを搭載したワークステーション上で行うのが適当である。ソフトウェアには様々な種類のものがあるが，検層記録や弾性波探査記録のファイル形式と適合するものを選択するとよい。各種記録から，時間－深度変換，岩相区分，物性値の頻度分布，亀裂（フラクチャー）判定を行い，主要地層境界面，対象（貯留層）層準詳細解析，断層解釈を行う。その上で貯留層や各地層区分の岩石物性値の空間的分布を把握し，CO_2貯留サイトの地質モデルとする。

4.1 時間－深度変換

弾性波探査記録は，速度構造を表しているため，地質的記載や検層記録と対比するには時間－深度変換作業を行う必要がある。VSP探査と2次元もしくは3次元の弾性波探査記録の速度と深度を対比し，時間面で表された弾性波形を深度情報へと変換する。

4.2 主要地層境界面

地層の境界面を3次元として広域に追跡するために，深度情報に変換した弾性波探査記録，坑

井地質記録，検層記録などから地層の境界面を認定し，同様の弾性波形を示す層準を追跡する。ソフトウェアとデータの質によっては，自動で地層の境界面を追跡する機能を利用することもできる。

4.3 対象層準（貯留層）詳細解析

対象となる貯留層についても，主要地層境界面と同様に弾性波形と坑井記録，検層記録から，地層の厚さや物性の空間的変化を捉えることが可能である。しかしながら，貯留層の厚さによっては弾性波形では分離できないこともある。

4.4 岩石物性パラメータ設定

統計学的手法を用いた弾性波探査解析結果を主体として，岩石物性の空間的分布を把握する。その上で，貯留層層準や必要とされる地質層準を任意のサイズの格子へ変換し，格子毎に岩石物性値（孔隙率，浸透率など）を入力する。この岩石物性を入力した格子分布を貯留層サイトの地質モデルとする。

5　CO_2 圧入実証サイトでの地質モデル構築

長岡実証サイトは古くから石油天然ガス採掘井が掘削され，国内では地質情報の蓄積が進む地域である。そのため，CO_2圧入の実証試験に際して，これら石油天然ガス井の情報に基づいて貯

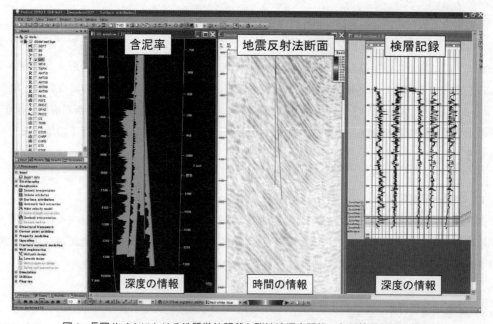

図4　長岡サイトにおける地質学的記載と弾性波探査記録，各種検層記録の統合

第13章　地質モデリング技術

図5　3次元弾性波探査記録の例

留層の地質モデルを構築し圧入シミュレーションを行った。その後，掘削時に得られた岩石コア物性と裸坑時検層の解析から，貯留層内でのCO_2分布が細かい地層の累重に支配されていることが明らかとなり，地質モデルを構築する際に用いる地質学的情報の細分化が必要となった。そこで，長岡サイト貯留層から得られた含泥率分布，孔隙率，孔隙サイズ分布，粒子の淘汰度，浸透率などの岩石物性パラメータをX線CT装置や粒子解析装置を用いて解析し，これらパラメータを地質解析ソフト上で貯留層の坑井データに統合して坑井周辺の層序を確立した（図4）。

　また，長岡サイトでは3次元弾性波探査が行われており[5]，貯留層のみでなく水平，鉛直方向へ広域的な地質モデルの構築が可能である。数km四方の広域的な地質モデルは，漏洩に対する安全性を評価する際にCO_2の挙動を予測するための重要な基礎データとなる。そのため，3次元弾性波探査結果にVSP探査結果を加え，ノイズの除去や走時/深度変換といった弾性波探査の通常解析のほかに岩石物性情報へと変換する特殊解析を行い，長岡サイトを中心とした広範囲の地下堆積構造および地質性状の把握・解析を進めている（図5）。

　このように貯留層に特化した局所的な地質モデルと広域的な地質モデルを多角的な情報に基づいて構築することは，CCS事業に際して必要となる調査や探査手法を確立するだけでなく，より信頼性の高いCO_2の挙動予測シミュレーションにつながる重要な基礎データの集積といえる。

文　献

1) Muller KW, Soroka WL, Paulsson BNP, Marmash S, Baloushi MA, Jeelani OA, *The Leading Edge*, **29**, 686-697（2010）
2) de Groot PFM, Bril AH, Floris FJT, Campbell AE, *Geophysics*, **61**（3）, 631-638（1996）
3) Hou JY, Takahashi A, Katoh S, Jaroonsitha K, Puvanat K, Nakayama K, *Bulletin of the Geological Society of Malaysia*, **54**, 115-121（2003）
4) 酒井明男, 石油技術協会誌, **73**, 186-199（2008）

第14章　CO_2圧入技術（掘削関係）

井之脇隆一*

1　掘削技術の現状

　貯留層の深度を考慮すると，CO_2を圧入するための坑井の掘削には，石油・天然ガス井の掘削に使用されるロータリー掘削機が使われ，目的層まで掘り込むため途中で何段かのケーシング（地層保護のための鋼管）を挿入し，その周りをセメントで固めながら掘り進んで行くのが通常である。地表付近は大坑径のビットで掘り始めるが，ケーシングを挿入するたびにビットの径は小さくなる。通常では3段から5段のケーシングが挿入され，大きいものから30インチ，20インチ，13-3/8インチ，9-5/8インチ，7インチ（または5-1/2インチ）のケーシングが使用されている。

　また現在の掘削技術では，坑井を途中から目的方向へ向けて曲げる傾斜掘り技術が発達してきており，石油・天然ガス井では10kmに迫る大深度井をはじめ，近年では水平坑井および偏距（水平距離）が10kmを超える大偏距井も掘削されるようになってきている（図1参照）。

　国内においても，これまで陸上および海洋プラットホームから多くの傾斜井が掘削されており，最大で7,500m級の陸上掘削リグも存在している。CCSにおいてはこれらの技術を使用して圧入井，観測井を掘削することになる。

2　CO_2圧入井の概要

　図2に代表的なケーシングプログラムを示すが，通常は貯留層直上の遮蔽層（泥岩）中に中間ケーシングをセットし，セメントでケーシングと地層間の空隙を充填してCO_2が地表に漏出することを防止する。またこのセメントには耐CO_2セメントを使用することで，セメントの劣化を防ぎ，半永久的にCO_2を遮断することが可能となる。

　中間ケーシングのセット後は貯留層を掘り抜き，最終段のケーシングが挿入されるが，これには主にケーシングにあらかじめ穴の開いたスロッティドケーシングを挿入するケースと，穴の開いていないブランクケーシングを挿入してセメンチング実施後，パーフォレーションにより地層と坑内を導通させるケースの2通りがある。これらは圧入層の浸透性などそれぞれの地点における地質条件等を考慮して決定される。

　最終ケーシングが挿入された後は，チュービングと呼ばれる小径のパイプがパッカーと共に降

---

*　Ryuichi Inowaki　日本CCS調査㈱　技術2部　掘削グループ長

CCS技術の新展開

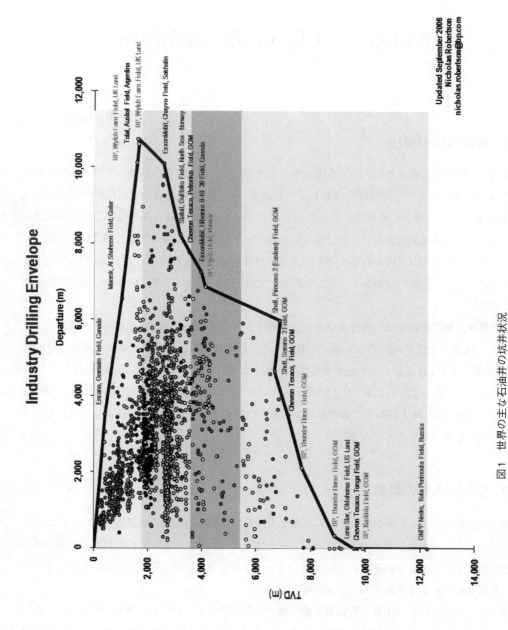

図1　世界の主な石油井の坑井状況

(出典：K & M Technology Groupホームページより抜粋)

第14章 CO_2圧入技術(掘削関係)

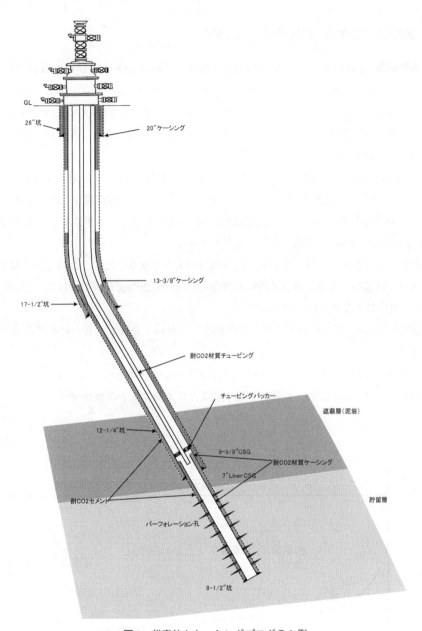

図2 代表的なケーシングプログラム例

下され坑内にセットされる。CO_2はこのチュービングを通して圧入されることになり,圧入中は坑口にてチュービング外側の圧力等をモニターすることで,CO_2がチュービングとケーシングの間へ漏洩していないことを確認することが可能である。

　CO_2圧入井では,耐CO_2セメントの他に,CO_2と接触する区間に使用するケーシング,チュービングおよび坑口装置等は13Crなどの耐CO_2の材質の物を使用することになる。

147

3 大偏距井（ERD）掘削技術について

CO_2圧入井掘削に関わる技術として大偏距井（ERD：Extended Reach Drilling）掘削技術の重要性が，今後一層高まるものと考えられる。これは日本国内においては，CO_2を海底下へ貯留することを前提としていることから，より安価に実施するためには，海上に大規模設備を設けるのではなく，陸上から海底下に向けた傾斜掘り技術が必要不可欠であり，貯留層までの距離によってはERD掘削技術が必要となるためである。

ERDに関する公式な定義はないが，水平距離と垂直深度の比が2：1以上となるような坑井をERDと称しているのが一般的である。つまり図3に示すような，垂直深度に対して水平距離が大きい坑井に対する総称である（ただし技術的な難易度によっては水平距離と垂直深度の比が2：1以下であってもERDの範疇に入れる場合もある）。

水平偏距が大きくなることは，すなわち坑井傾斜が大きくなること，また高傾斜区間が長くなることであり，後述のとおり，垂直井や傾斜井などの通常の掘削より高度な技術を要することになる。表1に世界の主なERDの例を示す。

ERD技術は石油産業界（石油・天然ガス井掘削）において発展してきた技術であるが，その理由として

- 既存基地から偏距を出すことにより未開発地域の開発が可能となる。
- 既存のインフラおよび地上設備を利用することによるコスト削減が可能。

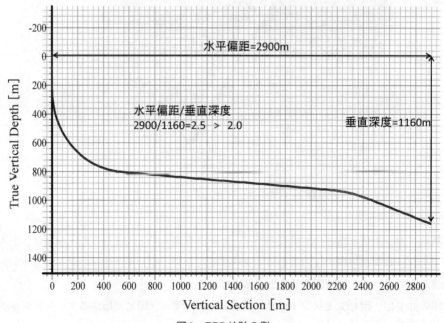

図3　ERD坑跡の例

第14章　CO_2圧入技術（掘削関係）

表1　世界の主なERD例

Rank	Operator	Horizontal Displacement (metres)	Measured Depth (metres)	TVD (metres)	Well	Field	Area
1	Exxon Neftegas Limited	10,317	11,282	2,600	Z-11	Chayvo	Sakhalin
2	BP	10,728	11,278	1,637	M-16Z	Wytch Farm	UK Land
3	TotalFinaElf	10,585	11,184	1,657	CN-1	Ara	Argentina
4	BP	10,114	10,658	1,605	M-11Y	Wytch Farm	UK Land
5	ExxonMobil	10,089	11,134	2,600	Z2(EM)	Chayvo	Sakhalin

（出典：JOGMEC Trend Survey of Extended Reach Drilling（ERD）and Multilateral（MTL）wells : Drilling and Completion, February 2008）

・地上施設を集約できることから環境への負荷を低減できる。

・既存油・ガス田においては取残し資源の回収が計れる。

等が主な理由として挙げられている。

　CCSでERD技術が期待される理由としては，海底下へCO_2の圧入・貯留を行う場合において陸上基地から掘削が可能となる範囲が広がることで，海洋プラットフォームまたは海底仕上げ等を設置せずにCCSプロジェクトを推進でき，低コスト化が図れることが挙げられる。また，地点によってはERDにより貯留層内を掘り抜く距離が長くなることにより，圧入レートおよび圧入総量の増加が期待できる。

　しかし，ERDは高傾斜で水平距離が長くなることにより，掘削計画を策定する上で注意すべき事項は多岐にわたるため，これらの課題を十分検討した上で掘削計画を立案する必要がある。

①　トルクおよびドラグ

　高傾斜区間が長いERDではパイプ類（ドリルパイプ，チュービング，ケーシングなど）と坑壁との間に生じる摩擦により，パイプを回転させる際のトルクやパイプを揚降管する際のドラグが過大になる場合がある。トルクやドラグが過大になると，掘削リグ能力の不足やドリルパイプの強度不足による掘進不可，またドリルパイプやケーシングパイプが目的深度まで降下できない等の問題が生じる原因となり，結果として目的層までの掘削ができなくなる。

　このようなトラブルを未然に防ぐためには，トルクやドラグが大きくならない坑跡形状を策定すること，また予めトルクやドラグの予測を行い，高強度のドリルパイプ使用の検討，潤滑性状のよい泥水の使用検討，またポンプ能力やトップドライブ能力の増強などリグのグレードアップの検討を行うことが必要となる。また，ドラグが大きくケーシングを自重で降下させることができない場合には，回転を伴う方法またはドラグを軽減させる特殊な手法の検討が必要である。

②　坑壁安定性

　ERDでは，比較的深度の浅い区間で高傾斜になること，またその裸坑区間が長くなることから坑壁の状態が不安定になり，坑壁崩壊のトラブルを招く可能性が高い。坑壁の崩壊を防ぐため

には泥水比重を上げる必要があるが，深度が浅い地層では地層破壊圧が小さいため泥水比重を上げると逸泥が発生し掘削を困難にする可能性がある。このため事前に岩石力学的検討を行い，地層圧，地層破壊圧力を考慮した適性泥水比重を求めることも必要となる。

③　ホールクリーニング

高傾斜区間では掘進中のカッティングスがローサイドに停滞しやすいため坑内状況の悪化を招き，さらには抑留事故を引き起こすリスクが高まる。これを防止するためには良好なホールクリーニングを実施することが重要で，そのためより高いポンプレートが必要になるが，マッドポンプの能力，ドリルパイプの径，泥水システム，坑壁安定性等に制約が発生する場合があるため，十分な事前検討が重要である。

以上，ERDにおける主な課題を記載したが，日本においては，大深度坑井の掘削技術は保有するものの，ERD掘削の実績が少ない。そこでCCS大規模実証試験などを通じて，地点毎の地質状況に応じたERD掘削が可能となるように知見を蓄積していくことが重要である。

文　献

1) JOGMEC, Trend Survey of Extended Reach Drilling and Multilateral wells:Drilling and Completion, February 2008
2) JOGMEC,「大偏距・マルチラテラル坑井の掘削・仕上げ技術の最新動向」, 石油・天然ガスレビュー, Vol.42, No.5（2008）

第15章　CO_2モニタリング技術

薛　自求[*]

1　はじめに

　CO_2地中貯留は70年代後半から米国やカナダで盛んに行われてきた石油増進回収（CO_2-EOR）技術が基本概念となっており，坑井掘削から貯留層のモニタリングまで多くの技術を適用することができる。地中貯留においては長期間にわたって安全にCO_2を貯留することが求められている。そのためには，帯水層に圧入されたCO_2の挙動をモニタリングする必要がある。CO_2挙動モニタリングの主な目的として，次の点が挙げられる[1]。①圧入されたCO_2が安全に貯留対象層に留まっていることを確認すること，②貯留層モデルの最適化に用いるヒストリマッチング用の観測データを取得すること，③貯留層からのCO_2漏洩を検出し，漏洩拡大阻止などの対策検討に必要な判断材料を提供すること。CO_2-EORのサイトでは圧入量と坑口圧力の測定は一般的に行われており，坑口圧力は耐圧などの安全レベルを超えないように自動制御される。また，地下深部の地層破壊やCO_2漏洩による圧力の異常低下があれば，遮断弁の閉鎖が自動的に実行されるように安全装置が備えられている。一方，地下でのCO_2分布を調べる場合，観測用の坑井を利用すれば地中のCO_2挙動をより高精度で把握することができるが，実規模の貯留サイトでは，観測井そのものがCO_2の漏洩経路となりうるため，観測井を配置する可能性は低いと考えられる。帯水層に圧入されたCO_2の分布状況について，北海のSleipnerやカナダのWeyburnサイトでは繰り返し地震波探査（4D seismic survey）が実施され，地中のCO_2挙動の把握だけでなく，貯留層からのCO_2漏洩監視にも有効であることが明らかになった[2,3]。さらに，地震波探査のデータに基づいて，貯留層の有効利用やCO_2貯留量の定量的評価も行われた。地中貯留の安全性を確認するためには，CO_2圧入後のモニタリングが重要な役割を果たす。規制当局の観点からは常に必要ではないが，地域社会との対話もあるため，貯留層からのCO_2漏洩を監視しなければならない。以下では長岡実証試験サイトで行われてきたCO_2挙動モニタリングの結果を紹介する。

2　CO_2挙動モニタリング

　帯水層に圧入されたCO_2は貯留層孔隙内の地層水を幾分押しのけながら，圧入井から周辺へ広がる。その際，貯留層中の地層水飽和率は減少し，CO_2飽和率は増大する。このようなCO_2と地層水との置換プロセスによって，貯留層を伝播する弾性波速度は低下し，比抵抗は増大する。長

---

[*]　Ziqiu Xue　㈶地球環境産業技術研究機構　CO_2貯留研究グループ　副主席研究員

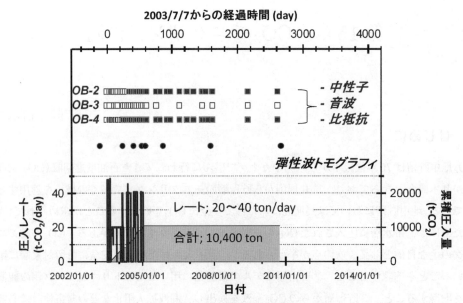

図1 長岡実証試験サイトにおけるCO_2圧入期間中および圧入終了後のCO_2挙動モニタリング
(□：CO_2到達未確認，■：CO_2到達確認済)

岡実証試験サイトでは，このような物性変化を検出するための物理検層（音波検層，比抵抗検層および中性子検層），坑井間弾性波トモグラフィが定期的に実施されたほか，圧入サイト周辺地域（2 km×2 km）を対象とする反射法地震波探査も実施され，貯留層に圧入されたCO_2の挙動がモニタリングされた[4,5]。とくに，物理検層と坑井間弾性波トモグラフィは，世界でははじめてとなる圧入後のモニタリングも行われている。図1は試験期間中の圧入量と圧入レートの変化，物理検層や弾性波トモグラフィによるCO_2挙動モニタリングの実施時期および，圧入後のモニタリングを含めてプロットしたものである。

長岡実証試験サイトでは物理検層によって検出される音波（P波）速度，比抵抗，および中性子孔隙率の変化によって，圧入されたCO_2が観測井に到達したことが確認され，到達後のCO_2挙動もモニタリングされてきている。CO_2圧入開始後約247日経過した14回目の検層において，圧入井に最も近い観測井OB-2にCO_2到達を示す物性変化が確認された。以下では観測井OB-2で実施された各検層手法の結果およびその解釈について述べる。

3　CO_2挙動モニタリングの結果

3.1　音波検層

音波検層では地層の弾性波速度（P波とS波）が得られるが，長岡実証試験サイトではFRPケーシング設置後に音波速度（Vp）検層が繰り返し実施された。CO_2が圧入されると，貯留層を伝播するP波速度は，孔隙中の地層水とCO_2の割合（二相流状態）や混合流体の特性（体積弾性

第15章　CO_2モニタリング技術

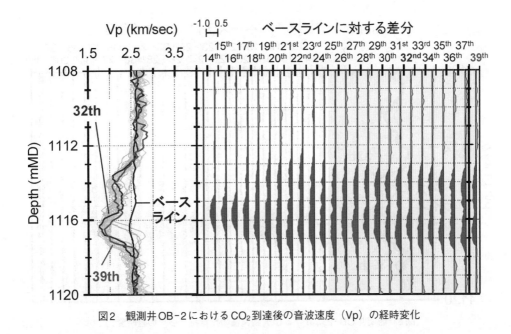

図2　観測井OB-2におけるCO_2到達後の音波速度（Vp）の経時変化

率，密度）に影響されて変化するので，P波速度の変化によってCO_2挙動がモニタリングできる。図2は観測井OB-2で得られた音波検層の結果で，P波速度にはより明確な変化が観測された。P波速度はCO_2到達前の2.55 km/sから1.84 km/sに大きく低下し，その低下率は最大約28％に達した。音波検層は第16回の計測までは深度約1,115 mを中心に幅約2 mにわたってP波速度の低下域が現れたが，第17回以降は速度低下域が深度1,113 mから1,118 mまで広がった。CO_2圧入終了後（第24回検層以降）はP波速度の低下域の幅がやや小さくなる傾向が認められる。

3.2　比抵抗検層

CO_2圧入に伴って，貯留層では高導電性の地層水が不導体のCO_2によって置換され，地層の比抵抗が高くなることから，CO_2挙動がモニタリングできる。各観測井の貯留層区間にはFRPケーシングが設置されており，電磁誘導によって貯留層に誘導電流を流すインダクション検層で比抵抗を測定することが可能である。図3は観測井OB-2で得られた比抵抗検層結果を示す。第14回の比抵抗検層では，深度1,116 m付近に比抵抗の変化が観測された。CO_2到達によって，比抵抗は5.02 Ωmから5.56 Ωmへと約10％増大した。図3の左枠にある太い線はCO_2到達前の13回の検層で得られた比抵抗の平均値である。第14回以降の比抵抗検層結果は左枠で重ねて示した後，右枠には相対的な変化量を実施順に示している。第17回以降は深度1,116 mを中心に比抵抗増大域が大きく成長したほか，深度1,113 m～1,114 mの間にもCO_2の存在を示唆する比抵抗の増大が認められた。このような比抵抗増大域は，圧入井の坑井テストで確認された高浸透性区間とよく対応しており，CO_2圧入終了後も広がっている。最終的には2つの増大域がつながり，深度方向に約4 m（1,113 m～1,117 m）にわたる高比抵抗領域が形成された。

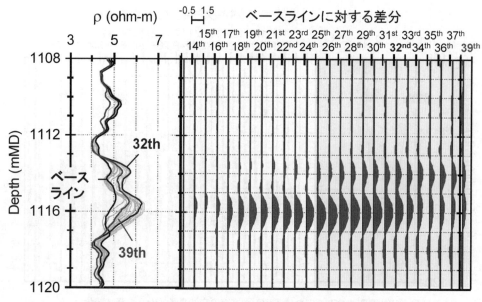

図3　観測井OB-2におけるCO$_2$到達後の比抵抗（ρ）の経時変化

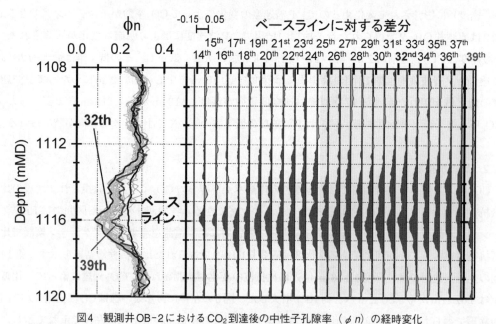

図4　観測井OB-2におけるCO$_2$到達後の中性子孔隙率（ϕn）の経時変化

3.3　中性子検層

　中性子検層は，中性子放射線源から地層へ高速中性子（first neutron）を放射し，高速中性子と地層構成物質の原子核との反応過程で生じる熱中性子（thermal neutron）強度を測定することにより，地層の孔隙率を推定する手法である．放射線源から放出された高速中性子は，地層中

第15章　CO_2モニタリング技術

の水素原子と衝突したときのエネルギー損失が最も大きく，衝突で生じた熱中性子の量は水素濃度に比例すると考えられている。一般に，地層中の水素原子の大部分は孔隙を充填する間隙水の水分子に含まれるので，熱中性子の強度を測定すれば間隙水の量がわかり，地層の孔隙率を推定することができる。貯留層に圧入されたCO_2は水素原子を含む地層水を孔隙から追い出し，代わりに水素を含まないCO_2が入るため，熱中性子の放射強度が弱くなり，見かけ上の孔隙率が低下するため，CO_2挙動がモニタリングできる。図4は観測井OB-2で得られた中性子検層の結果であり，CO_2到達によって1,116 m付近では見かけ上の中性子孔隙率が最大約10％減少している。ここでは中性子孔隙率の減少が，貯留層に含まれていた地層水が圧入されたCO_2によって置換されたと解釈できる。中性子検層で検出されたCO_2分布域は，音波検層の結果とほぼ一致する。

3.4　坑井間弾性波トモグラフィによる速度異常域の検出

音波検層が観測井近傍の微小区間の速度を検出するのに対し，坑井間弾性波トモグラフィは複数の観測井の間の弾性波速度分布を2次元で推定する。長岡実証試験サイトでは，観測井OB-2，OB-3にそれぞれ発信機と受信機を設置し，圧入井を挟むこれらの坑井間の速度異常域（CO_2浸透によって生じた速度低下域）を検出した。速度異常域はCO_2の分布域を示し，2次元断面にお

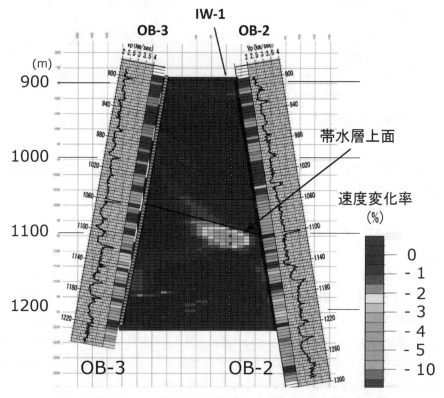

図5　観測井OB-2とOB-3を結ぶ断面におけるCO_2分布（速度低下域）

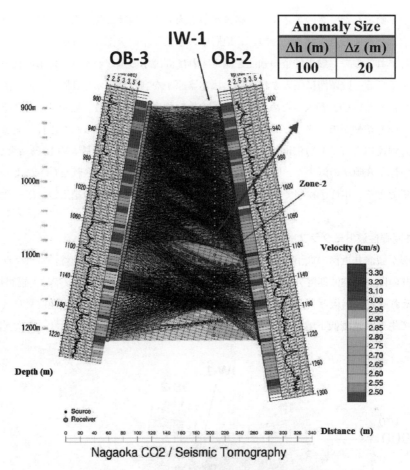

図6 観測井OB-2とOB-3を結ぶ断面における走時遅れ空白域の大きさ

ける異常域をもとに圧入されたCO_2の広がりを知ることができる。図5はCO_2圧入終了後に得られた測定結果であり，圧入ポイントを中心に速度変化域が確認できる。しかし，これらのモニタリング測定ではCO_2圧入によるP波速度の低下率が約3.5％に過ぎず，音波検層やコア試料の測定結果に比べて小さい。坑井配置ジオメトリによって発生した偽像が走時差の配分を乱し，本来の速度低下率が小さくなってしまったことが主な要因と考えられる。この問題を解決するために，速度低下領域を制限する解析法を採用し，偽像の消去と解析精度の向上をはかった[6]。圧入前（ベースライン）測定を含む計6回のトモグラフィ測定より，走時の遅れが観測されなかった波線経路を断面にプロットし，図6に示す速度低下があった「空白域」を求めた。この「空白域」よりやや広い範囲内のみ速度が低下するという制限をつけて再解析した結果，速度低下率は最大で約13.4％となった。この空白域の大きさは，CO_2流動シミュレーションで得られた分布域とほぼ一致しており，CO_2挙動モニタリング技術の有効性が明らかになった。

第15章　CO₂モニタリング技術

文　　献

1) IPCC, Special Report on Carbon Dioxide Capture and Storage, Cambridge University Press（2005）
2) Arts R, Eiken O, Chadwick A, Zweigel P, Van del Meer L, Kirby G, In:Baines SJ, Worden RH（eds）, Geological Storage of Carbon Dioxide, Geological Society, London, Special Publications, **233**, 181-191（2004）
3) Li G, *The Leading Edge*, **22**, 690-695（2003）
4) 薛自求, 渡辺二郎, *Journal of the Mining and Material Processing Institute of Japan*, **124**, 68-77（2008）
5) 酒井明男, 石油技術協会誌, **73**, 186-199（2008）
6) 斎藤秀樹, 信岡大, 東宏幸, 棚瀬大爾, 薛自求, *Journal of the Mining and Material Processing Institute of Japan*, **124**, 78-86（2008）

第16章　CO_2挙動シミュレーション技術

薛　自求*

1　はじめに

　CO_2地中貯留技術の実用化に当たり，地下深部の貯留層に圧入されたCO_2の挙動を精確に把握するほかに，貯留層からの漏洩リスクを評価する技術の確立が重要な課題となっている。その有効な手段として，CO_2の物理化学特性や貯留サイトの地質特性を考慮した数値シミュレーションが挙げられる。CO_2挙動シミュレーションでは，貯留層における物理的・化学的トラップメカニズムを考慮するために，CO_2の基本物性（密度，粘性，地層水への溶解度）や，地層水との二相流特性（相対浸透率，残留ガス飽和度，毛管圧力等）をモデル化したシミュレータの使用や地球化学反応の計算との連成解析が必要となる。このような機能を有するシミュレータとして，長岡サイトのCO_2地中貯留実証試験研究プロジェクトの一環としてRITEが主導して開発されたGEM-GHGと米国国立研究所LBNL（Lawrence Berkeley National Laboratory）で開発されたTOUGH2系コード[1,2]がある。本章ではCO_2地中貯留に利用されるGEM-GHGおよびTOUGH2系コードの概要を紹介しながら，長岡実証試験サイトにおけるCO_2挙動シミュレーションの解析結果について述べる。

2　GEM-GHG

2.1　主な機能の概要

　GEM-GHGは，地下深部貯留層へのCO_2圧入および長期にわたるCO_2移動や貯留に伴う物理・化学現象が，油ガス層からの原油や天然ガス生産に伴い貯留層内で発生する現象と共通事象であることに着目し，既存の油ガス層シミュレータにCO_2地中貯留特有な現象を表現するモジュールを追加することにより開発された[2,3]。油ガス層とCO_2地中貯留における貯留層シミュレーションの相違点を以下に示す。

- 油ガス層シミュレーションでは挙動予測期間がおよそ50〜100年であるのに対し，CO_2地中貯留では1000年以上の長期予測計算が必要である。
- 油ガス層シミュレーションでは水相中に溶解するガス成分は無視できるが，CO_2地中貯留では地層水へのCO_2溶解が重要なトラップメカニズムの一つとなるため，溶解現象を考慮する必要がある。

---

*　Ziqiu Xue　㈶地球環境産業技術研究機構　CO_2貯留研究グループ　副主席研究員

第16章　CO_2挙動シミュレーション技術

- 油ガスシミュレーションでは生産に伴い，貯留層内の流体圧が減少するのに対し，地中貯留ではCO_2圧入によって流体の圧力が増加する。このため，キャップロック，廃坑井，断層によるCO_2漏洩リスクを考慮する必要がある。
- 油ガス層シミュレーションでは，化学反応を無視して差し支えないが，地中貯留ではCO_2圧入によって地層水成分の化学平衡が崩れ，岩石鉱物の溶解・沈殿を含めた1000年以上の地化学反応を予測する必要がある。

GEM-GHGではCO_2と地層水が熱力学的平衡状態にあると仮定し，水相に溶解するCO_2成分のフガシティをヘンリー則で求めている。フガシティはPeng-Robinson等の三次状態方程式（EOS：Equation of State）で計算している。相平衡計算では，この両者のフガシティが等しくなる状態，すなわち平衡状態を求め，その結果から水相に溶解しているCO_2量が得られる。一方，水相中の溶解ガス成分のフガシティ係数はLi and Nghiem（1986）[4]に基づいて計算されるが，ガス溶解度は水相の塩分濃度にも影響されるので，ヘンリー則を変更して用いている。なお，ガス相の諸特性は相平衡計算の過程で，圧力，温度，組成を基礎に求めている。

地化学反応の平衡定数は温度の関数としてデータベース化され，岩石鉱物の溶解/沈殿は速度数で表される。平衡定数は順方向と逆方向の反応速度定数として表され，平衡定数と活量積の比から反応の方向，すなわち，溶解か沈殿かが判断できる。さらに，岩石鉱物の溶解・沈殿に伴う孔隙率および浸透率の変化も考慮できる。また，GEM-GHGでは地中貯留のために，モジュールの追加や基本シミュレータとのインターフェースの作成や入出力システムの変更も行っている。とくに，解の安定性を得るため，化学反応式を各成分の質量保存式と同時に解く方式を採用し，シミュレーション計算を現実的な時間内に処理できるように計算効率向上の対策を講じている。

化学反応に係わる入力データの作成は複雑かつ時間のかかる作業であり，エラーが起こりやすい。この対策として，LLNL（Lawrence Livermore National Laboratory）地化学データベース[5]を，GEM-GHGに付属する相平衡計算用ソフトウェアWinPropに取り込み，グラフィカル・ユーザー・インターフェース（GUI）を開発して，容易に入力データを作成できるようになっている。

GEM-GHGのベースとなった基本シミュレータは油ガス層を対象としたものであり，炭化水素成分およびそれらを主体とした流体相を扱える。このため，枯渇油ガス層や石炭層を対象層としたCO_2地中貯留挙動予測計算にも利用可能である。さらに，CO_2圧入によって，流体圧力が上昇し，有効圧力が減少することに起因する地層の変形等を考慮した貯留層シミュレーションも実施できるようになっている。

2.2　長岡サイトにおけるCO_2圧入実証試験への適用

GEM-GHGを用いたシミュレーションは，長岡サイトのCO_2圧入実証試験を通じて，表1に示すような種々の目的で実施された。CO_2圧入前のシミュレーションでは観測井位置の最適化と

CCS技術の新展開

表1　長岡サイトにおけるGEM-GHGシミュレーションの実施概要

	実証試験内容	利用可能データ	シミュレーション研究
2000年 (平成12年)	・地質調査 ・圧入井IW-1掘削	・地質構造図，等層厚線図 ・IW-1物理検層結果	・予備的感度検討 ・観測坑井配置の検討
2001年 (平成13年)	・観測井OB-2および OB-3掘削	・IW-1物理コア試験結果 ・OB-2およびOB-3物理検層結果	・観測坑井配置の調整と圧入計画検討
2002年 (平成14年)	・IW-1揚水試験	・揚水試験結果	・2001年度の継続
2003年 (平成15年)	・IW-1坑井酸処理 ・酸処理後揚水試験と圧入レート試験 ・観測井OB-4掘削	・酸処理による坑井障害除去後の揚水試験結果 ・OB-4物理検層結果	・2001年，2002年と同様
	・CO_2圧入開始 ・OB-2にてCO_2ブレークスルー	・圧入レート ・IW-1 & OB-4坑底圧 ・OB-2,3 & 4物理検層（経時変化）	・ヒストリーマッチング
2004年 (平成16年)	・CO_2圧入継続 ・OB-4にてCO_2ブレークスルー ・CO_2圧入終了	・圧入レート ・IW-1 & OB-4坑底圧 ・OB-2,3 & 4物理検層（経時変化）	・ヒストリーマッチング ・長期挙動予測

圧入計画の妥当性評価を目的としている。CO_2挙動シミュレーションが，実証試験で得た観測データが追加されるたびに繰り返し行われた。圧入期間中はCO_2挙動モニタリング結果とシミュレーション結果とのヒストリーマッチングを行った。このようなヒストリーマッチングを経て，初期の地質モデルが改良され，圧入後の長期挙動予測結果の信頼性を高めることができる。

長岡サイトでは，周辺坑井の物理検層結果から1000m前後の深度に広く分布する砂岩層（Ic層）がCO_2圧入対象層に選ばれた。この砂岩層の厚さが40〜60mでほぼ均質であり，浸透率が50〜100mdと仮定した予測シミュレーション結果では，目標とした40t-CO_2/dのレートで500日間の圧入，総圧入量2万tが可能であるが，浮力の影響が大きく圧入したCO_2は地層傾斜に沿ってアップディップ方向へ細長く伸びた分布になると予測された。その後掘削された圧入井IW-1の物理検層やコア試験の結果より，貯留層の不均質性が著しく，浸透率が最も高いZone-2でも不動水飽和率が約80％であり，ガス相が流動しにくい地層であることが判明された。

これらのデータを考慮した貯留層の地質モデルによるシミュレーション結果には，目標レート40t-CO_2/dでの圧入が可能であることが示された。貯留層の浸透性が小さく，CO_2は圧入井を中心としたほぼ同心円状に分布すると予測された。このシミュレーション結果を基に，CO_2圧入終了までに圧入井を囲む観測井で順次CO_2ブレークスルー（到達）を観測する観点から，3本の観測井の位置が決定された。長岡サイトでは貯留層内においてCO_2が圧入完了後どの程度移動し，どのように分布状況が変化するかを明らかにするために，1000年間の長期挙動予測シミュレーションが行われた。その結果，1000年後でもCO_2分布状況は圧入完了時とほとんど変わらない

第16章　CO₂挙動シミュレーション技術

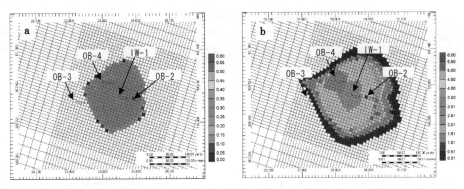

図1　圧入完了1000年後の貯留層Zone-2における超臨界CO_2飽和率(a)と溶解CO_2の分布(b)

ことが分かった。図1は，最も浸透率の高いZone-2における圧入完了後1000年での超臨界CO_2および地層水に溶解するCO_2分布を示している。CO_2溶解に伴って重くなった地層水がゆっくりと貯留層構造の下方（Down-Dip方向）へ移動する様子が認められるが，その移動は限定的で，1000年後でもCO_2分布域の拡大は小規模である。したがって，長岡実証試験サイトでは圧入されたCO_2が長期にわたって安全に貯留されると考えられている。

3　TOUGH2系解析コード

　TOUGH2系解析コードは米国LBNLで開発された流体シミュレータTOUGH2とその派生コードであり，30カ国以上において色々な分野で幅広く利用されている（表2）。以下ではTOUGH2系解析コードの概要を示すとともに，TOUGH2を利用したCO_2地中貯留への適用事例を紹介する。

3.1　TOUGH2系解析コードの概要

　TOUGH2は，非等温・多成分・多相系の流体シミュレータであり，地熱貯留層，放射性廃棄物の地層処分，地下水・土壌浄化，不飽和帯中の地下水流れなどへの適用を目的に開発されたものである[1]。CO_2地中貯留に関しては，超臨界CO_2の流体物性などが組み込まれた流体特性モジュール（ECO2）が2002年にリリースされてから，世界各国のCCS実証試験などで広く使用されている。

　TOUGH2の初期開発段階では，地熱貯留層内の流体挙動の解析が対象であり，熱や相変化，非線形性の強い二相流挙動などが重要であった。地熱貯留層の数値解析では，エネルギー保存則と質量保存則の強いカップリングのため，当初用いられていた逐次反復法では時間ステップが短くなる点が問題となった。このような状況から，エネルギー保存則と質量保存則を同時に解くことや完全陰的な時間ステップ法を用いるようになり，相変化を伴う二相流れの強い非線形性に対応するため，Newton/Raphson法による反復解法が採用されることになった。地熱貯留層問題

表2 TOUGH2系解析コード一覧表（Pruess，2004に加筆）

解析コード名	公開年	分野	相	成分
MULKOM	非公開 (1981～)	地熱，放射性核廃棄物処分， ガス・石油	多相	多成分
TOUGH	1987	地熱，放射性核廃棄物処分	水相，気相	水，空気
TOUGH2	1991	汎用流体解析	水相，気相	水，NCG
TOUGH2V2.0	1999	汎用流体解析	多相	多成分
iTOUGH2	1999	逆解析，感度解析など	多相	多成分
T2VOC	1995	土壌・地下水環境	水相，気相，NAPL相	水，空気，VOC
TMVOC	2002	土壌・地下水環境	水相，気相，NAPL相	水，空気，多成分 VOC，多成分NCG
TOUGHREACT	2004	化学反応性物質移行	水相，気相，固相	多成分
TOUGH-FLAC	研究用	地盤力学	水相，気相	水，CO_2
TOUGH2-MP	2008	汎用流体解析（並列計算バージョン）	多相	多成分
TOUGH+HYDRATE	2008	地盤力学	液相，気相，氷相， ハイドレート相	水，CH_4， ハイドレートなど

NAPL：(Non-aqueous Phase Liquid) 難水溶性液体，NCG：(Non-condensible Gas) 非凝縮性ガス
VOC：(Volatile Organic Compound) 揮発性有機化合物

のヤコビアン行列は，非対角項が支配的となる悪条件（ill-conditioned）の傾向があるため，反復法による行列ソルバーが用いられている。現行バージョンのTOUGH2では，前処理付の共役勾配法を用いており，悪条件の行列を安定的に解くことが可能である。

CO_2地中貯留に関わるモジュールとしては，地下流体中に含まれる特性の異なる様々なガスや溶存物質（CO_2やNaClなど）を表現するための流体特性モジュール（EOSモジュール）がある。これまでに，表3に示すEOSモジュールが開発され，CO_2地中貯留用としてはECO2NというEOSモジュールがある。EOS7Cは，CO_2とCH_4を取り扱えるので，枯渇ガス田での貯留やEGRなどにも適用可能である[6]。表中に記載した以外にも，EOS9にトレーサを加えたEOS9nT，グラウトを考慮するEOS11なども存在する。

3.2 貯留層の圧力変化やTOUGH2によるCO_2地中挙動解析

長岡サイトではOhkuma（2008）[7]が実施したGEM-GHGによるCO_2挙動予測シミュレーションと同じ地質モデルを利用して，TOUGH2によるCO_2挙動シミュレーションも行われた。さらに，TOUGH2で得た数値計算結果とCO_2挙動モニタリング結果とのヒストリーマッチングを試みた。図2は圧入井IW-1の坑底力及び観測井OB-4での貯留層圧力の観測データとTOUGH2シミュレーション結果である。観測井OB-4の貯留層圧力について，最大でも誤差が約0.1MPaと小さく，TOUGH2の解析結果と観測データがほぼ一致する。一方，圧入井の坑底力ではさらによい一致が認められた。図3は観測井OB-2とOB-3を利用した坑井間の弾性波トモグラフィ測定結果である。両坑井間の断面上にCO_2圧入によって生じたP波速度の減少域

第16章　CO₂挙動シミュレーション技術

表3　TOUGH2系解析コードの流体特性モジュール

モジュール名	目 的
EOS1	水，トレーサ
EOS2	水，CO₂
EOS3	水，空気
EOS4	水，空気（蒸気圧降下を考慮）
EOS5	水，水素
EOS7	水，ブライン，空気
EOS7R	水，ブライン，空気，親・娘核種
EOS7C	水，ブライン，NCG（CO₂ or N₂），トレーサ，メタン
EOS8	水，石油（black oil），NCG
EOS9	飽和不飽和浸透流解析（Richard's Equation）
EWASG	水，塩（NaCl），NCG
T2VOC	水，空気，VOC
ECO2N	水，塩（NaCl），CO₂

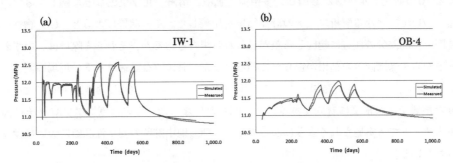

図2　圧入井（IW-1）と観測井（OB-4）の圧力変化のヒストリーマッチング

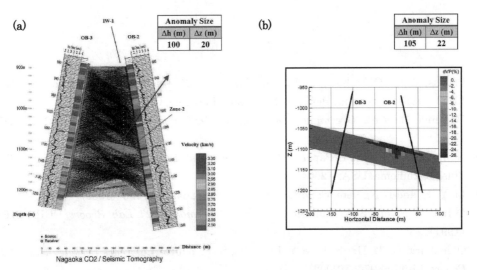

図3　観測井OB-2とOB-3間の弾性波トモグラフィ測定結果(a)とTOUGH2の解析結果(b)との比較

163

（anomaly zone）が検出され，貯留層におけるCO_2分布状況を示している。弾性波トモグラフィとTOUGH2の解析結果を比較すると，P波速度の減少域の大きさはTOUGH2シミュレーションで得たCO_2分布域とほぼ同じである。TOUGH2の解析結果の妥当性は，物理検層で確認された観測井OB-2とOB-3へのCO_2ブレークスルータイム（CO_2到達時間）の比較検討結果からも示唆されている。このように，圧入サイトで観測された圧力変化やCO_2モニタリング結果とのヒストリーマッチングによって，初期の地質モデルが最適化されるため，圧入後の長期挙動予測結果の信頼性を高めることができる。

4 まとめ

TOUGH2やGEM-GHGを含むCO_2地中貯留用の数値解析コードの特性や違いを明らかにするための解析コードの相互比較も行われた[8〜10]。この解析コード比較プロジェクトには，6カ国からなる10の研究グループが参加し，多相流，拡散，溶解，化学反応などに関して8つのテスト問題について，異なる解析コードの計算結果を比較した。その結果によると，CO_2物性の取扱いや時間・空間差分の仕方に起因した差が見られる場合もあるが，それらを除けば，いずれの解析コードからもほぼ同等の結果が得られている。また，長岡実証試験サイトの現場観測データとTOUGH2シミュレーション結果とのヒストリーマッチングは，CO_2長期挙動予測に欠かせない高精度な地質モデル構築に有効であることが明らかになった。このようなアプローチは海外のCO_2圧入サイトでも実施されるようになっており，CO_2地中貯留の安全性評価に大いに役立つと考えられている。

文　献

1) Pruess, K., C. Oldenburg, and G. Moridis, TOUGH2 user's guide, Version 2.0, Rep. LBNL-43134, Lawrence Berkeley Natl. Lab., Berkeley, CA. （1999）
2) Ohkuma, H. *et al.*, *Greenhouse Gas Control Technologies*, Vol.II, Part 2, 2175-2179 （2005）
3) Nghiem, L. *et al.*, SPE Paper 89474, presented at 14th SPE/DOE Symp. on IOR in Tulsa, Oklahoma, USA. （2004）
4) Li. Y-K. and L. Nghiem, *Canadian J. Chem. Eng.*, **64**, 486-496 （1986）
5) Delany, J. M. and S. R. Lundeen., *Lawrence Livermore Nat'l, Lab. Report*, UCID-21658 （1991）
6) Oldenburg, C., D. H. -S. Law, Y. Le Gallo, S. P. White., *Lawrence Berkeley Nat'l, Lab. Report*, LBNL-49763 （2002）
7) Ohkuma, H., *Journal of MMIJ*, **124**, 87-94 （2008）

8) Pruess, K. *et al.*, *Lawrence Berkeley Nat'l Lab. Report*, LBNL-51813 (2002)
9) Pruess, K., Garcia, J. E., *Environmental Geology*, **42**, 282-295 (2002)
10) Pruess, K., *Vadose Zone J.*, **3**, 738-746 (2004)

第17章　新CO_2貯留技術

薛　自求*

1　はじめに

　二酸化炭素（CO_2）地中貯留の対象層は，主に貯留ポテンシャルの大きい砂岩層（貯留層）であり，このような貯留層には経済的に利用価値がほとんどない塩水が含まれている。貯留層の上部には泥質岩のような透水性の低い地層（キャップロック）が覆っており，石油や天然ガスの貯留層と同じように地層がドーム構造（背斜構造）をなす場合は構造性帯水層と呼ばれている。日本国内で確認された構造性帯水層に限定した場合，CO_2貯留ポテンシャルは約35億トンと試算されている（表1）。一方，ドーム構造を伴わない非構造性帯水層をあわせた試算では，帯水層貯留のポテンシャルが約1,460億トンに達している[1]。

　帯水層に圧入されたCO_2の密度は貯留層の圧力と温度の関数であるが，地下1,000mでは約540kg/m^3であり，地層水密度の半分程度にすぎない。このため，構造性帯水層では，この密度差に起因する浮力によって，CO_2は主に貯留層上部へ移行するが，浸透性が低いキャップロックによって遮断されCO_2が安全に貯留層内に留まることになる。一方，非構造性帯水層では，CO_2

表1　日本国内におけるCO_2地中貯留ポテンシャル調査結果（RITE，2008）

地質データ		構造性帯水層	非構造性帯水層
油ガス田	坑井・震探データが豊富	35億t-CO_2	275億t-CO_2
基礎試錐	坑井・震探データあり	52億t-CO_2	
基礎物探	坑井データなし。震探データあり	214億t-CO_2	885億t-CO_2
貯留概念図			
（参考）実施状況		Weybum(カナダ)等　長岡プロジェクト	Sleipner(ノルウェー)等
計		約300億t-CO_2	約1,160億t-CO_2

---

*　Ziqiu Xue　㈶地球環境産業技術研究機構　CO_2貯留研究グループ　副主席研究員

第17章 新CO_2貯留技術

が主に地層の傾斜に沿って上方へ移行すると考えられる。このようなCO_2移行を避けるためには，移行の駆動力となる浮力をできるだけ小さく抑える必要がある。浮力の抑制に関して，圧入されたCO_2が地層水に溶解することが重要なポイントとなっている。地層水へのCO_2の溶解量は貯留層の温度と圧力に強く依存するほかに，地層水の塩濃度にも大きく影響される。長岡実証試験サイトのCO_2圧入対象層である灰爪層は海成層であるにもかかわらずCl濃度が海水の約1/6であり，塩濃度が低くCO_2溶解のポテンシャルは大きい[2]。また，CO_2溶解によって地層水のpHは低下し，地層を構成する岩石鉱物との化学反応によりCO_2は炭酸塩として固定されると考えられている[3]。このようなCO_2の鉱物固定を促進させるには，地層水中のCaやMg等の陽イオンとの化学反応に十分なCO_2の溶解が必要である。

地層水へのCO_2溶解が促進されれば，これまで注目してきた鉱物固定化だけでなく，溶解自体によるCO_2地中貯留量も増加する。また，このような貯留メカニズムはCO_2漏洩の危険性を減らすことにも期待できるため地中貯留の長期安定性に貢献できる。本章では東京ガス株式会社との共同研究で進めてきたCO_2マイクロバブル技術を紹介し，直径$10\mu m \sim 100\mu m$程度の微細気泡にし，その特性を利用したCO_2の溶解促進手法について述べる。

2 CO_2マイクロバブル観察実験

マイクロバブルは球状の微細気泡であり，大きい気泡に比べて浮上速度が遅い。マイクロバブル発生方法について，本研究では経済性や耐久性を考慮して細孔構造を有するフィルターを介し

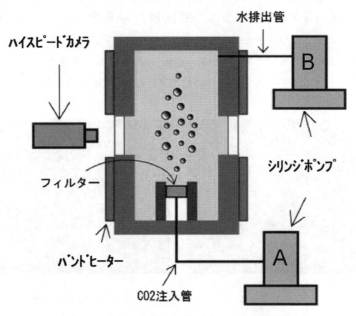

図1　マイクロバブル観察実験システムの概念図

てCO_2マイクロバブルを発生させる方式を考案した[4]。図1はこの方式を用いた実験システムの模式図である。このCO_2マイクロバブル観測実験システムでは，高圧容器に設置した細孔フィルターを介して，シリンジポンプAからCO_2を注入するようになっている。実験に際して，まず圧力容器内に水を満たしてから，シリンジポンプBを用いて所定の圧力まで負荷する。また，水温は圧力容器の側面に貼り付けたシリコンラバーヒーターに通電することより加温・制御できるようになっている。注入されたCO_2は，フィルターを通過した後マイクロバブル化し，水中に放出される。マイクロバブル発生時の様子や放出されたマイクロバブルの挙動は高速度ビデオカメラで撮影され，後の画像解析に供した。この実験システムを用いたマイクロバブル観測実験では，細孔フィルターの種類，温度・圧力（CO_2相状態），CO_2注入レート及び水の塩濃度を変えることができるようになっている。以下では細孔フィルターを変えた実験結果を示す。

3 CO_2マイクロバブル観察実験結果

　図2はマイクロバブル発生実験に用いたフィルターAとBの表面構造を示す走査型電子顕微鏡（SEM）の写真である。フィルターAは粒径が大きく，細孔の数も少ないことが表面構造から確認できる。細孔分析の結果ではフィルターBの方が均一な細孔構造を有するのに対して，フィルターAには細孔径が大きくばらついていることが分かった。このような細孔構造の差異はフィルターの材質や製造方法によるものと考えられる。

　これらのフィルターを用いてそれぞれ超臨界CO_2を注入した場合，マイクロバブルの発生状況が大きく異なっている。図3は同一条件下での超臨界CO_2マイクロバブル発生状況を示しており，細孔径のバラツキがあるフィルターAでは，楕円で囲まれた範囲のみマイクロバブルが確認できるが，円で囲まれた大きなバブルも認められる。これに対して，細孔径が均一なフィルターBでは，フィルター表面から均等にマイクロバブルが発生している。このように，フィルターBの方がAよりもバブルサイズが小さく，バブルの発生率にも優れていることが分かる。図4はフィル

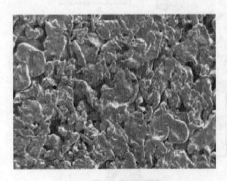

フィルターA　　　　　　　　　　フィルターB

図2　細孔径が異なるフィルターAとBの表面構造

第17章　新CO₂貯留技術

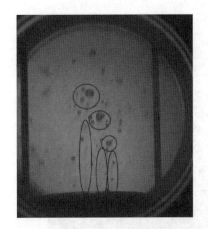 

図3　超臨界CO₂マイクロバブル発生状況
（上）：フィルターA，（下）：フィルターB

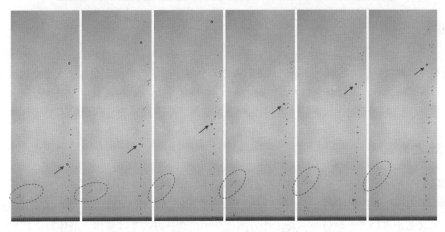

図4　サイズが異なるCO₂バブルの上昇速度の差異

ターAを用いたマイクロバブル観察実験で得られた静止画にあるサイズの異なる気泡が上昇する様子を示している．各静止画の時間間隔は0.1秒となっている．サイズが大きい気泡ほど上昇速度が速いことがよく確認できる．楕円に囲まれた領域はCO₂マイクロバブルの集合体であり，この領域内ですべてのCO₂マイクロバブルが溶解することが確認できる．このようなCO₂マイクロバブル溶解は，さらに細孔径の小さいフィルターを用いた場合，CO₂マイクロバブルの溶解に伴う沈降現象が観察された（図5）．図5では，大量のマイクロバブルの溶解が発生し，密度の大きいCO₂溶解水の塊まりが生じた．このため，上方にある大きいバブルがCO₂注入による上昇流とは逆に，下方に移動する様子が明瞭に確認できた．このような沈降現象は北海Sleipnerサイトにおける CO₂挙動のシミュレーションで指摘されたことはあるが，実験によって確認されたのは世界で初めてである．高濃度のCO₂溶解水の沈降によって，浸透性の高い貯留層内に地層水

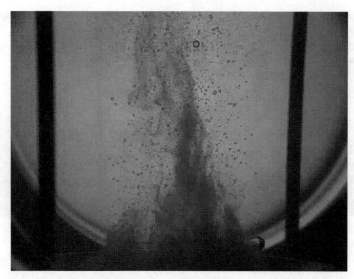

図5 CO_2マイクロバブルの溶解に伴う沈降現象

の対流が生じれば，CO_2溶解が一層促進されるため，地中貯留の長期安全性に大きく貢献できると考えられる。これらの観察実験より，マイクロバブルによる溶解促進効果が明らかになった。

4 まとめ

細孔フィルターを用いたマイクロバブルの発生・観察実験より，CO_2バブルの大きさは細孔径に依存し，均一な細孔を有するフィルターほどマイクロバブルCO_2の発生効率がよく，CO_2バブルのサイズも小さいことが分かった。この細孔フィルター方式では気体，液体および超臨界のCO_2ともマイクロバブル化が可能であり，同一注入レートでは気体の時にバブルの発生量が最も多く，超臨界と液体にはほとんど差はなかった。これは相状態によって，CO_2の粘性や表面張力等の違いが影響したと考えられる。CO_2の相状態に左右されず，細孔フィルター方式でマイクロバブルを効率よく発生できれば，貯留層の深度にこだわる必要がなくなり，サイト選定の選択肢が大きく広がる。CO_2排出量，貯留層の深度や浸透性に合わせて細孔フィルターを設計すれば，年間排出量が数万トンから10万トン規模の中小排出源や分散型震源システムにも適したCO_2地中貯留が実現できると考えられる。CO_2排出源（ソース）と貯留サイト（シンク）のマッチングにより，非構造帯水層を対象とする経済的な新しい貯留技術が誕生することになる。また，CO_2マイクロバブル技術は石油増進回収（EOR）にも応用できると考えられている。一般的に生産性が低下した油田にCO_2を圧入し，原油にCO_2を吸着させる必要がある。CO_2吸着量が多いほど原油の粘性が低下し，回収されやすくなる。CO_2マイクロバブルを注入すれば，原油への吸着量の増加が期待できるため，石油増進回収の効率が大きく向上すると考えられている[5]。

第17章　新CO_2貯留技術

文　　献

1) RITE（2008）http://www.rite.or.jp/Japanese/project/tityu/fuzon.html
2) 三戸彩絵子, 薛自求, 大隅多加志, 二酸化炭素地中貯留における地球化学反応特性について―長岡実証試験サイトの地層水分析例―, 地学雑誌, 117, 753-767（2008）
3) Saeko Mito, Ziqiu Xue, Takashi Ohsumi, Case study of geochemical reactions at the Nagaoka CO_2 injection site, Japan, *International Journal of Greenhouse Gas Control*, 2, 309-318（2008）
4) 薛自求, 山田達也, 松岡俊文, 亀山寛達, 西尾晋, マイクロバブルCO_2による溶解型地中貯留について, 資源素材学会・秋季大会（札幌）（2009）
5) PCT/JP2009/064249

【第五編　CCSの安全性と経済性】

第18章　地中貯留の安全性評価

小牧博信[*1]，喜田　潤[*2]，瀧澤孝一[*3]

1　安全性評価技術の必要性

　CO_2は無臭，無色で，我々の周りの大気中，地中，水中と，どこにでも存在し，低濃度では全く無害の気体である。生物との関係については，光合成によってCO_2と水から有機物を産する植物にとっては不可欠な要素であり，農業分野ではイチゴやトマトの増収および品質向上のために栽培温室のCO_2濃度を上げるなどの手法が導入されている[1, 2]。また，温泉にもCO_2が溶けているが，特に多くのCO_2を含んだ温泉は，血行を促し，健康によい二酸化炭素泉として人気を呼んでいる。しかしながら，地球温暖化抑制のため，大気中のCO_2削減技術の開発が急務となっている。

　温室効果ガス削減のために考案されたCO_2地中貯留技術は，海外各地で1990年後半頃から，研究開発がおこなわれた。その結果，商業規模や実証試験プロジェクトが立ち上げられ，ノルウェーのスレイプナーおよびアルジェリアのインサラでは，地下の天然ガス田から採取したガス中のCO_2を分離回収し，これを帯水層に圧入して貯留する技術が実用化されている。これらのプロジェクトでは，開発当初CO_2は海底または地表に漏出する可能性はない技術とされていたが，近年，安全性に対する意識の高揚や，リスクアセスメント概念の一般化により，将来の実用化を想定した社会受容性獲得のために，CO_2地中貯留における安全性評価が求められるようになった。

　RITEでは，前述したように，長岡市の国際石油開発帝石の岩野原基地において，地下1,100mの帯水層に10,400トンのCO_2を圧入するとともに，圧入前，圧入中，圧入後のモニタリング調査データを採取し解析を進めている。その結果，圧入後も地中深部の帯水層にCO_2が留まっていることを確認しており，現場データを基に高精度化した長期挙動予測手法によって，将来的にもほとんど動かないことを示すことができた。しかしながら，IPCCの特別レポートなど海外でのCCSに関するリスクアセスメント導入を受けて，日本でも地中貯留の安全性評価に取り組んでいる。本章では，RITEが現在進めている取り組みについても紹介する。

　万が一の外的要因によって，CO_2が貯留層からシール層を通過し，生物生息圏に到達することを想定した場合，そのリスクに対してどのように解析，予測評価，管理するかの一連の対応としてリスクアセスメントの考え方について整理した。わが国で有望と考えられている海底下CCS

---

*1　Hironobu Komaki　㈶地球環境産業技術研究機構　CO_2貯留研究グループ　主任研究員
*2　Jun Kita　㈶地球環境産業技術研究機構　CO_2貯留研究グループ　主任研究員
*3　Koichi Takizawa　㈶地球環境産業技術研究機構　CO_2貯留研究グループ　主任研究員

に関して,海洋環境影響評価技術を取り巻く状況について解説する。また,CCSを円滑に進めるために,先行する海外のCCSプロジェクトの知見をとりまとめたガイドライン,ベストプラクティスマニュアルの調査と,我が国の条件に適合する技術マニュアルの作成について述べる。

2　CO_2地中貯留に関するリスク評価とリスク管理

2.1　はじめに

CO_2地中貯留を安全に実施するためには,充分なリスク評価と確実なリスク管理が求められる。CCSの社会的受容性の確保や法規制,法体系の整備においても,CCSの安全性の裏づけとなるリスク評価・リスク管理は欠かすことができない。すなわちCCSに係わる開発者,オペレータ,規制当局,サイト周辺住民といった利害関係者(ステークホルダー)の意思決定のために必要な情報である。

CO_2地中貯留技術は,これまでの石油およびガス開発の経験を生かした技術ではあるが,事前に得られる情報量には大きな差がある。これらの情報を補足する意味でも,限られた情報の中から考えうるリスクを評価し,管理していくことが必要となる。

本節では,CO_2地中貯留におけるリスク評価と管理に関する基本的な考え方を示すとともに,適用可能な手法を例示する。

2.2　CO_2貯留プロジェクトに関するリスク評価と管理のための枠組み

リスクとは,当該事象の発生確率と影響度合いあるいは結果の大きさの積で表される。リスク評価は,CO_2地中貯留のあらゆるプロセス,すなわちサイト選定,プロジェクト設計,プロジェクト運営,長期管理のすべての段階で実施されるものである。米国エネルギー省(DOE)では,リスク評価,サイト特性評価,監視,数値シミュレーション,広報の5つの活動のフローを図1のように表している[3]。5つの活動がサイクルを回しながら,かつ相互に関連している状態を示している。監視(モニタリング)とその結果を反映した数値シミュレーションからリスク評価を実施し,リスクを含めた総合的なサイトの特性評価を実施する。さらにリスクの高い部分については,監視,シミュレーションを実施することにより不確実性を減少していくことが可能になる。さらにこれらの経過,結果を広報活動の中で,利害関係者に伝達していくことが重要となる。

またリスク評価,リスク管理の作業フローについては,IEAGHGから図2のような関係図が示されている[4]。作業フローとしては,潜在的なリスクを特定するリスク源評価,数値シミュレーションを用いた事象の発生可能性評価,事象発生時の影響評価,これらを総合したリスク特性評価,リスクの監視・検証を実施するリスク管理に分けられている。これらの各段階が広報活動と密接に連携している。これも先のDOEの図と本質的には同様であることが理解できる。

CO_2地中貯留に関するリスク評価の方法論については,他の類似する技術分野にて得られた経験,知見がベースとなっている。放射性廃棄物の地層処分の研究分野では,幅広い研究が実施さ

第18章 地中貯留の安全性評価

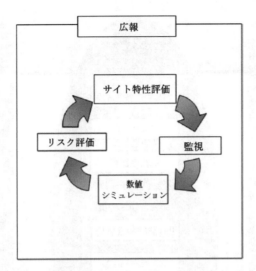

図1　CCSプロジェクトにおける作業サイクル[3]

れてきた。このような分野で実績のあるリスク評価ツールを利用，応用する研究も進められている。表1には，CO_2地中貯留分野で研究されているリスク評価ツールの一例を示している[3]。それぞれの目的，アプローチが異なることから，実施サイトにて入手できる情報の量や質，サイトの地域特性，プロジェクトの進捗度等の状況に合わせたツールを用いることが重要である。

2.3　RITEにおける取り組み

CO_2地中貯留の大きなリスクとして，貯留層からのCO_2の移行（漏洩）がある。海外の地中貯留プロジェクトでは，このCO_2移行リスクを解析するため，様々なリスク評価ツールを用いて検討が進められている。

RITEでは，FEP（Features, Events and Processes）と呼ばれるツールを用いて，日本の地質構造を反映させた仮想のサイト情報により，CO_2移行リスクの要因となる事象の特定を実施した[5]。表1にもあるQuintessa社のFEPデータベースを基本とし，日本の気象や地質などを勘案してFEP項目の追加，細分化を行い，オリジナルの日本版FEPデータベースを構築した。合計275件のFEPが登録されており，Quintessa社のデータベースの項目は全て含まれている。RITEのFEPデータベースの大きな特徴は，各FEP間の相関関係を追跡できる機能を備えており，FEPが及ぼす影響の連鎖（シーケンス）を網羅的に追跡することができる。これは，リスク評価ツールとしてのFEPの網羅性，透明性を十分に機能させるものである。

サイト情報は専門家によって解析，検討され，FEPデータベースのリストからCO_2移行リスクとして可能性の高い事象の抽出を行った。それらの事象の相関関係を検討することで，CO_2移行シナリオを導き出すことができる。その結果，CO_2の移行に対して，断層と貯留層との関係や閉鎖坑井の健全性といったリスクの高い事象が明らかになった。

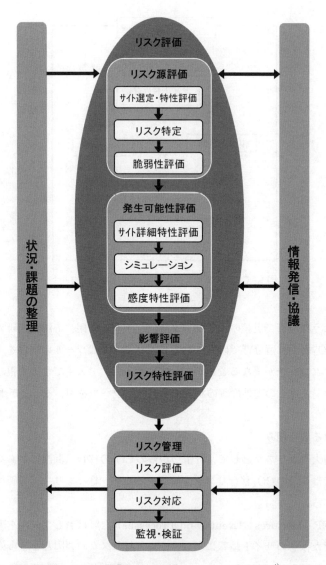

図2　リスク評価・リスク管理のフレームワーク[4]

　今後，これらの事象がCO_2移行に及ぼす影響を評価するためには，該当する事象に関する情報やデータの整理，検討，解析が必要であり，そのための詳細な調査，情報収集，データ取得が必要となる。これらの情報，データを用いてCO_2移行に関する地質構造モデリング，移行シミュレーションによるリスクの定量評価が可能となる。また，影響評価としては，今後日本で主流となると思われる海底下貯留を想定して，海域の環境影響評価を含めた一連の安全性評価手法を確立する必要がある。次節では，この海洋環境影響評価について述べる。

第18章　地中貯留の安全性評価

表1　CCSリスク評価に用いられるツールの一例[3]

ツール	開発者	目的	必要なデータ
FEP（Features, Events and Processes）database	Quintessa社	シナリオ開発	専門家による定性的判断
Risk Identification and Strategy using Quantitative Evaluation（RISQUE）	URS社	専門家参加による判断プロセス構築	定性的，半定量的な専門家の判断
Screening and Ranking Framework（SRF）	LBNL	個別事象のリスク算出	システムモデル，曖昧理論を用いて求めた確率（定量データ）
Certification Framework（CF）	LBNL		
Vulnerability Evaluation Framework（VEF）	US EPA	概念的なフレームワークの構築	専門家による定性的判断
Performance & Risk（P&R™）Methodology	Oxand社 Schlumberger社	坑井からのCO_2漏洩リスク	坑井に関する定性的，定量的データ

Quintessa社：コンサルタント会社（英国）
URS社：エンジニアリング・コンサルタント会社（米国）
LBNL：米国DOE傘下国立研究所（Lawrence Berkeley National Laboratory）
EPA：米国環境保護庁（Environmental Protection Agency）
Oxand社：コンサルタント会社（フランス）
Schlumberger社：石油井，ガス井の調査会社（米国／フランス）

3　環境安全性評価技術，動向

　我が国のCCSでは，規模の拡大および経済性の観点から，海底下の地層がCO_2貯留対象として有望と考えられている。ここでは，海底下CCSの実用化に向けて，特に安全性評価の観点から，海洋環境影響評価技術について解説する。

3.1　海底下CCSの環境影響に係る法規制

　国際的な背景として，海底下CCSとロンドン条約とは大きな関わりがある。ロンドン条約とは，陸上で発生した廃棄物等の船舶等からの投棄による海洋汚染の防止を目的とした国際条約である。その付属書では，海洋投棄が禁止される有害な廃棄物等が記載されており，1975年に発効している。これに対してロンドン条約96年議定書は，海洋投棄を原則禁止し，海洋投棄してもよいものを規定する，いわゆるリバースリスト方式をとったことが大きな変更点である。当時このリストの中にはCO_2は含まれておらず，同時に，海底下も海洋の一部として含まれることが明確化されたため，この96年議定書による海洋汚染防止のための規制の強化は，海底下CCSを検討する国にとって大きな障害であると考えられていた。96年議定書は，2006年3月に発効したが，海底下CCSに前向きな国々である，フランス，ノルウェー，英国が支持する形で，オーストラリアがCO_2のリバースリストへの追加を提案し，96年議定書第1回締約国会議（2006年10，11月）で採択された。これにより，ロンドン条約の枠組みで，海底下CCSが可能となっ

た。

　我が国では，ロンドン条約96年議定書を踏まえ，特定二酸化炭素ガスの海底下廃棄を許可制とする「海洋汚染等及び海上災害の防止に関する法律の一部を改正する法律（平成19年5月30日法律第62号）」が施行された。改正の目的は，CO_2の海底下廃棄に係る許可制度の創設であり，その骨子は次のとおりである。

　① CO_2を海底の下に廃棄しようとする者は，環境大臣の許可を受けなければならないこととする。
　② ①の許可を受けようとする者は，環境影響を評価しなければならないこととする。
　③ 許可を受けてCO_2を海底の下に廃棄する者は，海洋環境の保全に障害を及ぼさないよう廃棄し，また，海洋環境を監視しなければならないこととする。

　この法律に関しては，省令として「特定二酸化炭素ガスの海底下廃棄の許可等に関する省令」，「特定二酸化炭素ガスに含まれる二酸化炭素の濃度の測定の方法を定める省令」（平成19年環境省令第23号，第22号）があり，告示として「特定二酸化炭素ガスの海底下廃棄の許可の申請に関し必要な事項を定める件」（平成19年環境省告示第83号）がある。さらにこの告示をより詳細に解説し，申請者の手引きとして活用できるよう，「特定二酸化炭素ガスの海底下廃棄の許可の申請に係る指針」（平成20年1月 環境省）が示されている。

　海底下CCSの許可申請には，実施計画として，①廃棄実施期間，②ガスの特性，数量，③以前に廃棄されたガスの数量，④廃棄をする海域の位置・範囲，⑤廃棄方法，⑥海洋環境保全上の障害拡大・発生防止の措置が記載され，監視計画として，①通常時監視，②懸念時監視，③異常時監視についてその方法，実施時期・頻度が記載される。

　海底下廃棄事前評価書には，①ガスの特性，②ガス海洋漏出を仮定した場合の，漏出の位置・範囲・漏出量とその予測方法，③ガス海洋漏出を仮定し，その影響を考慮した調査実施項目（潜在的海洋環境影響調査項目），④潜在的海洋環境影響調査項目の現況と把握方法，⑤潜在的海洋環境影響調査項目に係る影響予測，⑥影響予測の評価，⑦その他参考事項が記載される。ここで，潜在的海洋環境影響調査項目として，①水環境及び海底環境：全炭酸濃度等のCO_2濃度の指標およびpH，硫化水素その他の有害物質の濃度，②海洋生物：浮遊生物，魚類等の遊泳動物，底性生物の生息状況，海藻・藻類の生育状況，サンゴ類の生息状況，③生態系：藻場，干潟，サンゴ群集，その他の脆弱な生態系の状態，海洋生物の再生産，生息にとって重要な海域の状態，④海洋の利用：レクリエーション，自然環境保全区域としての利用状況，漁場，主要航路等の利用状況が記載される。海底下CCSの環境影響評価の全体像を図3に示す。

　この影響評価の流れで特筆すべきことは，貯留層から海洋にCO_2が漏出する可能性は極めて低いものの，あえて漏出事例仮説を設定してその環境影響を予測・評価することによって，万が一の場合の安全性を確保しようとしていることである。

第18章 地中貯留の安全性評価

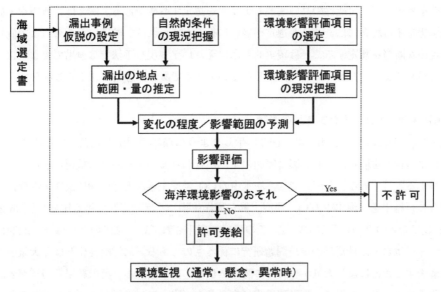

図3 海底下CCSの環境影響評価の流れ

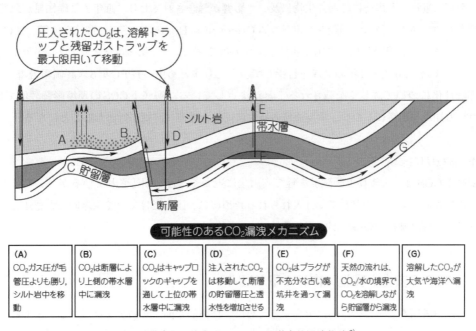

図4 帯水層に注入されたCO_2の潜在的漏洩経路[6]

3.2 CO_2漏出事例仮説

IPCC特別報告書「二酸化炭素の分離回収と貯留」[6]によると，地層貯留されたCO_2の漏洩は，CO_2注入井あるいは廃坑井の劣化などによる急激な漏洩と未検出の断層やき裂による長期的な漏洩に大別される（図4）。上述の環境影響評価を実施する際には，CCS実施を検討する海底下の

地質特性を考慮して，可能性の高い漏洩シナリオを選定すべきである．例えば，断層やき裂による漏洩を想定する場合には，サイト選定が適切に行われていれば，貯留層から海底まで直接つながる大規模な断層を想定することは現実的とは言えないが，現行手法では検出できないような小規模の断層やき裂がつながって漏洩経路となるシナリオであれば想定できるであろう．

3.3 海洋生物に及ぼす高CO_2環境の影響

海底下CCSの環境影響評価では，図3に示したように環境の現況と比較して漏出事例仮説に基づく変化の程度を明らかにし，影響範囲の予測が行われるが，その際に重要となる知見は海洋生物に対する影響である．環境省では，海水中のCO_2濃度上昇が海洋生物に及ぼす影響について文献調査した結果を「海水中のCO_2濃度上昇が海洋生物に及ぼす影響に係る知見」（平成23年3月）[7]として参考のために示している．この資料で引用されている文献の多くは，一般的に海洋酸性化[8]と呼ばれる地球規模の環境問題研究に係るものである．海洋酸性化とは，大気中のCO_2濃度が増加することにより大気から海洋に溶け込むCO_2量が増加し，その結果，海洋が表層から徐々に酸性化することである．海洋酸性化は産業革命以降すでに進行していると考えられているが，さらに進行した場合には海洋生物に及ぼす影響が懸念されており，近年，基礎知見が急速に蓄積されつつある．特に，国際シンポジウム Ocean in a High-CO_2 World が2004年，2008年に開催され，2012年9月には米国カリフォルニア州モントレーで第3回シンポジウムが予定されている．また，2013-14年の完成を目指して現在とりまとめ中のIPPC第5次評価報告書では，海洋酸性化について詳しく記載されることが決定している．海底下CCSの環境影響評価では，これらの知見を参考にしつつ，実施海域の特性に応じた予測・評価が行われることになろう．

3.4 おわりに

海底下CCSは，大規模実証試験を経て実用化に近づくことが期待されているが，この技術が社会的に安心安全なものとして受け入れられるためには，国内だけでなく国際的にも認知された海洋環境影響評価技術の確立が望まれる．

4 CCSの安全な実施に向けた取り組み

CO_2地中貯留を安全に効率的に実施するために，技術的な面からのアプローチはもとより，規制や法律といった政策的なアプローチも重要である．図5は，法律，規制，規格，ガイドラインといった政策的なアプローチの相互関係を示したものである[9]．法律や規制は，事業者が安全かつ効率的に貯留事業を実施することができる最善の活動（Best Practice）を実現するための規格，ガイドラインの上に成り立っている．それぞれが相互に矛盾することなく，連携していることが重要である．

法規制を含む政策動向については，先の章にて述べた．本章では，これらの法規制を支えるガ

第18章　地中貯留の安全性評価

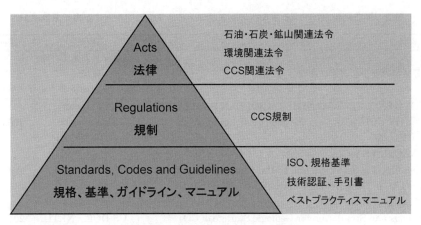

図5　法律，規制，ガイドラインの関係[9]

イドライン，マニュアルの策定とその動向について述べる。

　海外では，先行する大規模プロジェクトの進捗に応じて，各分野におけるマニュアル，ガイドラインの作成が進んでいる。

　米国DOEでは，DOEが主導する炭素隔離地域パートナーシッププロジェクト（RCSP, Regional Carbon Sequestration Partnership）において，各プロジェクトの地質的な特性や地域特性を統合した形でのベストプラクティスマニュアルを作成している。これまでに7分冊の初版を発刊しておりDOEのホームページで公開されている[10]。DOEでは，2017年までに第2版を，2020年までに最終版を完成させる予定である。これらは，RCSPでの知見，経験をベースにしてとりまとめられていること，各プロジェクトの地域特性に応じた事例を豊富に掲載していることが特徴である。

　ノルウェーのDNV（Det Norske Veritas）は，欧州の実証プロジェクトに参加している事業者をコンソーシアムの形で集めて，CCSの事業プロセス毎のガイドラインを作成，発刊している[11]。これらは，CCSを進める上で必要な各種の事業プロセスにおける許認可，申請のワークフローを詳細に提示したもので，各ステップで必要となる技術要件，書類，手続き等を示している。これらは，欧州における実証プロジェクトの知見，経験をベースに，既存の規制や現状で最善の技術（Best Available Technology），最善な活動（Best Practice）と矛盾しない形で策定されている。

　わが国でも2009年，経済産業省産業技術環境局二酸化炭素回収・貯留（CCS）研究会から「CCS実証事業の安全な実施にあたって」と題するガイドラインが発刊されている[12]。これは，「CCSの大規模実証事業を実施する際に安全面・環境面から遵守することが望ましい基準を示したもの」と位置づけられている。既存の法規制およびRITEが実施した長岡での実証試験の事例等を参照しながら，現状で考慮すべき項目を網羅した内容となっている。

　以上を含めて近年発刊された主なマニュアル，ガイドラインを表2に抜粋した。大規模実証試

CCS技術の新展開

表2 現在発刊されている主なベストプラクティスマニュアルおよびガイドライン

資料名	発行元	発行年月
CCS実証事業の安全な実施にあたって	経済産業省産業技術環境局 CCS研究会	2009年8月
DIRECTIVE 2009/31/EC OF THE EUROPEAN PARLIAMENT AND OF THE COUNCIL：on the geological storage of carbon dioxide（EU指令）	European Commission（欧州委員会）	2009年4月
BEST PRACTICES for：Site Screening, Site Selection, and Initial Characterization for Storage of CO_2 in Deep Geologic Formation（Version 1.0）	US DOE / NETL	2010年11月
BEST PRACTICES for：Risk Analysis and Simulation for Geologic Storage of CO_2（Version 1.0）	US DOE / NETL	2011年3月
BEST PRACTICES for：Monitoring, Verification, and Accounting of CO_2 Stored in Deep Geologic Formations	US DOE / NETL	2009年1月
BEST PRACTICES for：Geologic Storage Formation Classification：Understanding Its Importance and Impacts on CCS Opportunities in the United States（First Edition）	US DOE / NETL	2010年9月
BEST PRACTICES for：Public Outreach and Education for Carbon Storage Projects（First Edition）	US DOE / NETL	2009年12月
BEST PRACTICES for：Terrestrial Sequestration of Carbon Dioxide	US DOE / NETL	2010年11月
CCS GUIDELINES Guidelines for CCS	WRI（World Resources Institute）	2008年
CCS AND COMMUNITY ENGAGEMENT Guidelines for Community Engagement in Carbon Dioxide Capture, Transport, and Storage Projects	WRI（World Resources Institute）	2010年10月
CO_2 QUALSTORE Guideline for Selection and Qualification of Sites and Projects for Geological Storage of CO_2	DNV（Det Norske Veritas）	2010年4月
BEST PRACTICE FOR THE STORAGE OF CO_2 IN SALINE AQUIFERS：Observations and guidelines from the SACS and CO_2STORE projects	CO_2STORE	2008年
A Technical Basis For Carbon Dioxide Storage	CO_2 Capture Project	2009年
CARBON CAPTURE AND STORAGE Model Regulatory Framework	IEA	2010年11月
CO_2WELLS Guideline for the risk management of existing wells at CO_2 geological storage site	DNV（Det Norske Veritas）	2011年7月

第18章 地中貯留の安全性評価

験で先行する海外の事例を参考にしつつ，今後わが国に特有な事象を考慮したマニュアル，ガイドラインの策定を進める必要がある。それと同時に，現行規制でカバーできないものについては，CCSの法規制体系の見直しを含めて整備，構築していく必要があろう。

5　CCSの社会受容性

CCSの本格導入に向けては，要素技術の確立が重要であるが，一方では，地元関係者および利害関係者を対象とした合意形成が重要な要素となっている。現在，RITEが国の委託を受けて取り組んでいるCCS安全性評価技術開発研究においても，国民との対話が義務付けられている。海外においてもCCS導入に向けての取り組みが行われているが，オランダで経験したCCSプロジェクトの中止をひとつの事例として，社会受容性の重要性を改めて認識する必要がある。

オランダのBarendrechtプロジェクトでは，国の資金支援を受けた石油会社のCCS事業であったが，地方自治体と貯留予定地域の住民の反対により中止せざるを得ない状態に追い込まれた。初期段階からプロジェクトへの住民参加が行われていなかったことにより，開発者・国側と，地域との信頼関係が構築されなかったことが大きな原因である。他にも，貯留に対する科学的安全性の情報が信頼されなかったことや，CCS政策への理解不足などが挙げられた[13]。

一方，先に紹介した米国DOEのRCSPプロジェクトでは，技術的アプローチに加えて各地域の特性を考慮した公衆へのアプローチ，合意形成の重要性について積極的に検討を進めている。CCSに関する社会受容性獲得に向けた取り組みと情報共有は，地中貯留に関する一般市民の理解を高め，その協力を得るためには必要不可欠な要素である。

具体的な指針として，理解促進のためのベストプラクティスマニュアル[14]には，①パブリックアウトリーチとプロジェクト管理の一体化，②強力なアウトリーチチームの構築，③利害関係者の特定，④社会的特性評価の実施と適用など，10カ条を掲げており，CCS推進のために必要となるアウトリーチ戦略を解説している。

CO_2を地中に圧入して貯留するというCCSは地表からは直接確認することができない地中深部を対象とする事業であり，長期間での貯留については，地元住民を中心とする利害関係者の合意形成は非常に重要である。したがって，利害関係者との調整はプロジェクトのトップレベルでマネジメントすることが必要と思われる。

(注) 本章では，経済産業省産業技術環境局CCS研究会「CCS実証事業の安全な実施にあたって」[10]に準じて，"「漏洩」は，貯留対象とする貯留層からの移動とし，「漏出」は，飲料用地下水への移動，地中から大気又は海洋への移動を意味する"，こととした。

文　　　献

1) 高橋佳彦, 佐藤巧, 伊部歩, 柴崎則久, 野水幸一, 伊藤道秋, 新潟におけるハウス促成栽培イチゴの炭酸ガス施肥効果, 新潟大学農学部研究報告, Vol.58, 2, 97-102（2006）
2) 吉村昭信, 角山庄吉, 山本英雄, 促成ミニトマト栽培におけるCO_2施用の効果, 奈良県農業試験場研究報告（28）, 7-14（1997）
3) DOE/NETL, BEST PRACTICES for: Risk Assessment and Simulation for Geologic Storage of CO_2, DOE/NETL-2011/1459, March 2011.
4) IEAGHG, A review of the international state of the art in risk assessment guidelines and proposed terminology for use in CO_2 geological storage, 2009/TR7, December 2009.
5) K. Yamaguchi, K. Takizawa, H. Komaki, E. Hayashi, S. Murai, S. Ueda and M. Tsuchiya, Scenario analysis of hypothetical site conditions for geological CO_2 sequestration in Japan, *Energy Procedia*, **4**, 4052-4058（2010）
6) IPCC, IPCC Special Report on Carbon Dioxide Capture and Storage, 442 pp, Cambridge University Press（2005）
7) 環境省 水・大気環境局 水環境課 海洋環境室, 海水中のCO_2濃度上昇が海洋生物に及ぼす影響に係る知見 平成23年3月, 42 pp, www.env.go.jp/earth/kaiyo/ccs/eikyo_db.pdf（2011）
8) The Royal Society, Ocean acidification due to increasing atmospheric carbon dioxide, 60 pp, www.royalsoc.ac.uk（2005）
9) DNV, CO2QUALSTORE Guideline for Selection and Qualification of Sites and Projects for Geological Storage of CO_2, Report Number 2009-1425（2010）
10) DOE/NETL ベストプラクティスマニュアル
http://www.netl.doe.gov/technologies/carbon_seq/refshelf/refshelf.html
11) DNV CCSガイドライン
http://www.dnv.com/industry/energy/segments/carbon_capture_storage/recommended_practice_guidelines/CO2qualstore_CO2wells/index.asp
12) 経済産業省産業技術環境局CCS研究会
http://www.meti.go.jp/press/20090807003/20090807003-3.pdf
13) 下田昭郎, 窪田ひろみ, 横山隆壽, CCSの普及障壁に係る不確実性の事例調査, 電力中央研究所報告, V10012（2011）
14) DOE/NETL, BEST PRACTICES for: Public Outreach and Education for Carbon Storage Projects, DOE/NETL-2009/1391, December 2009.

第19章　CCSの経済性

小出和男[*1]，岩本　力[*2]，高木正人[*3]

1　はじめに

　本章ではCCSの経済性について，これまでに発表された海外の検討結果やRITEでの検討結果を基に解説する。最初にCO_2の回収から貯留までのCCS全体のコストについて，世界と日本の検討例を比較する。次にCCSの工程ごとにコスト算定の結果を紹介し，最後に他のCO_2削減技術（特に再生可能エネルギー）に比べて，どのような位置づけにあるかを概観したい。

　コストの解説に入る前に，「技術のコストは技術の進歩とともに変化していく」ことに触れておきたい。図1は技術の進展度と技術のコストとの関係を模式化したものである。

　Aの研究開発段階では，様々な要素についての考慮が十分でないため，比較的安価にコストを見積もりがちである。Bの実証段階になると，具体的な候補地域の調査が進み，圧入試験も実施

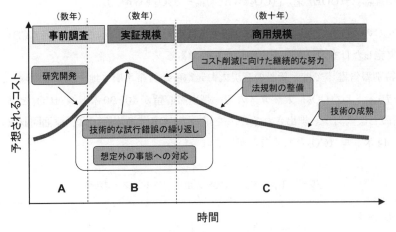

図1　技術の進展とコスト

---

*1　Kazuo Koide　㈶地球環境産業技術研究機構　研究企画グループ　研究支援チーム　主幹／同機構　CO_2貯留研究グループ　主任研究員

*2　Chikara Iwamoto　㈶地球環境産業技術研究機構　研究企画グループ　研究支援チーム（現：新日鉄エンジニアリング㈱）

*3　Masato Takagi　㈶地球環境産業技術研究機構　研究企画グループ　サブリーダー／同機構　東京分室　分室長

されるため、安全性を含め様々な問題が提起され、その対処のための費用が増大する。また、市場の不透明性から、設備費は高めに設定されるため、コストは非常に高いものとなる。次のCの商用段階になると、作業の内容・仕様が確定するとともに、価格競争や技術革新によってコストダウンが進んでいく。CCSは現在AからBに至る段階に位置している。本書で述べるコストはA段階のものであるから、今後開発が進むにつれ、コストは増加基調を示すと考えられる。

2 CCSの経済性評価

これまでにIPCCのCO_2回収・貯留特別報告書[1]を始めとして、CCSの経済評価の検討結果が公表されている。また、RITEではわが国におけるCCSコストの推定を実施している。CO_2削減コストとしてはアボイデッドコストを用いることが多い。IPCCのCCS特別報告書によれば、アボイデッドコストは、「CCSを設置していないリファレンスプラントと同じ生産量（kWh）を与える時の、大気中へのCO_2排出削減のコスト」と定義される。発電所の場合にはアボイデッドコストは式(1)で定義される。

$$\text{Cost of } CO_2 \text{ avoided}(US\$/tCO_2) = [(COE)_{capture} - (COE)_{ref}] / [(CO_2 kWh^{-1})_{ref} - (CO_2 kWh^{-1})_{capture}] \tag{1}$$

表1はIPCCの「CO_2分離回収・貯留に関する特別報告書」[1]に示されているCCSのコストと、RITE[2]で実施した日本のコストを比較したものである。

IPCCの特別報告書[1]では、新設の石炭火力発電所から帯水層（地下深部塩水層）に貯留する場合が30-70米ドル/tCO_2、天然ガス火力―帯水層貯留が40-90米ドル/tCO_2と推定されている。また新設石炭火力から排出されるCO_2を用いてEORする場合には、原油回収収入が得られるため、9-44米ドル/tCO_2となることが示されている。

表1 日本と海外のCCSアボイデッドコストの比較

国内/海外	現状 円/t-CO_2	IPCC SRCCS US$/t-$CO_2$		
検討ケース	新設石炭火力 ～帯水層貯留	新設石炭火力 ～帯水層貯留	新設NGCC ～帯水層貯留	新設石炭火力 ～EOR
分離回収 ～昇圧	4,200	29～51	37～74	29～51
輸　送	800 100万トン/年（20km）	1～8 500-4000万トン/年（250km）		
圧　入	2,300 10万トン/年/坑井（ERD）	0.5～8		△10～16
合　計	7,300	30～70	40～90	9～44

新設石炭火力発電所で分離回収、パイプライン20km輸送、10本のERDで年間100万トン圧入

第19章　CCSの経済性

　一方のわが国の計算例は，新設の微粉炭火力発電所でアミン吸収法を用いてCO_2を回収し，7 MPaまで昇圧後陸上パイプラインで貯留地点近傍まで20 km輸送し，再度10 MPaまで昇圧して，海底下の深度1,000 mの帯水層に，海岸から大偏距掘削法で掘削した坑井を用いて，10万tCO_2/年/坑井のレートで圧入する場合のコストである。この場合のアボイデッドコストは7,300円/tCO_2となった。回収コストはIPCCとほぼ同レベルにあるが，距離あたりの陸上パイプライン輸送コストは海外の約10倍であり，圧入・貯留コストも相当高い。わが国の陸上パイプライン敷設費用は種々の制約から海外に比べて極めて高い。また，高い圧入コストは，わが国の貯留層の低い浸透率を考慮して圧入レートを低く設定したことに起因している。これらのCCSコストの詳細については次項で解説したい。

3　各工程別のコスト算出

3.1　CO_2の回収

　CO_2の回収は表1でもわかるように，CCSの全コストに占める割合が最も大きな作業工程である。CO_2の回収にはエネルギーを要するため，火力発電所ではCCS設置前に比べて発電効率が低下する。このため，CCS非設置の場合と同等出力にするには，より大きな設備を作り，かつ化石燃料を1.2-1.3倍多く使う必要がある。したがって，コスト算出ではCO_2回収のための設備や材料費だけでなく，出力維持のための設備や燃料増分費用を加える必要がある。この費用は回収に必要なエネルギーが小さくなるほど減少するため，より省エネ型の回収技術の開発がきわめて重要となる。

　回収技術には第二編に示すように，化学吸収法，物理吸収法，吸着法，膜法，酸素燃焼法などの方法がある。一般に低圧かつ低CO_2濃度の排出源には化学吸収法が，高圧CO_2になると物理吸収法，吸着法，および膜法が有利になる。排出源別のCO_2回収コストがIEAによってまとめられている（図2）。

　表2[3)]は石炭火力発電における3つのCO_2回収手法，すなわち燃焼後回収（微粉炭火力），燃焼前回収（IGCC），ならびに酸素燃焼における，発電効率の低下，発電コスト，および回収コストの公表資料を基に比較したものである。回収コストは微粉炭火力に比べて酸素燃焼やIGCCが小さいが，後二者では酸素製造にコストを要するため，トータルの経済性は発電コストで比較する必要がある。表2では，前提条件の差によって発電コストは多少凸凹があるが，大雑把にみれば現状では方式による大きな差異はないと考えられる。

　次にわが国での回収コストの検討例を紹介する。

　RITE[4)]では微粉炭火力およびLNGコンバインドサイクル（LNGCC）から，化学吸収法でCO_2回収したときのコスト推定を行った。計算に用いた主な前提条件は下記の通りである。

　　　発電所：新設とし，規模は微粉炭火力＝100万 kW，LNGCC＝117万 kW，年平均利用率＝80％

CCS技術の新展開

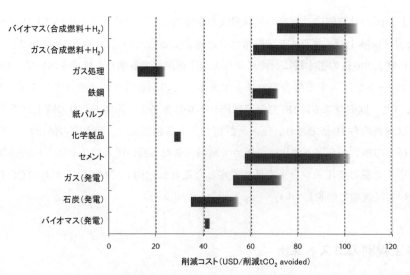

図2　各種排出源からのCO₂回収コスト

表2　石炭火力におけるCO₂回収法と発電効率，発電コスト，分離回収のアボイデッドコスト

	IPCCSRCCS	IEAGHG	DOE-NETL	EPRI	ZEP
微粉炭火力	New PC	PC	PC-Sub	PC-Super	PC
効率低下	10-11％ (LHV)	12.6％ (LHV)	11.9％ (HHV)		10％ (LHV)
発電コスト	$ 62-86/MWh	$ 64/MWh	$ 118.6/MWh	$ 94/MWh	€57.5/MWh
アボイデッドコスト	$ 29-51/ton CO₂	$ 47/ton CO₂	$ 68/ton CO₂	$ 19.7/ton CO₂	€30.1/ton CO₂
酸素燃焼			MIT		
効率低下	4.8-11.2％(LHV)	8.6％ (LHV)	—		10 (LHV)
発電コスト	$ 58-97.5/MWh	$ 80/MWh	$ 78.9/MWh		€54.6/MWh
アボイデッドコスト	$ 14-72/ton CO₂	$ 35/ton CO₂	$ 34/ton CO₂		€23.2/ton CO₂
IGCC			IGCC-Av.	GE-Radiant	
効率低下	7-10％ (LHV)	6.3-7.9％ (LHV)	7.4％ (HHV)	6.3-7.6％ (HHV)	10％ (LHV)
発電コスト	$ 54-79/MWh	$ 59/MWh	$ 106.3/MWh	$ 93/MWh	€57.9/MWh
アボイデッドコスト	$ 10-50/ton CO₂	$ 37/ton CO₂	$ 39/ton CO₂	—	€27.6/ton CO₂

注）　回収技術としては微粉炭火力ではアミン吸収法が，IGCCでは物理吸収法が用いられている。

発電単価：総合資源エネルギー調査会電気事業分科会コスト等検討小委員会試算に基づき，微粉炭火力＝5.7円/kWh，LNGCC＝7円/kWhとした。

吸収液：消費エネルギーを微粉炭火力＝3,000 MJ/tCO₂，LNGCC＝3,200 MJ/tCO₂，吸収液費用を431円/tCO₂とした。

燃料費：石炭＝7,159円/t，LNG＝43,727円/tとした。

年経費率：13％（設備投資額を年間経費に変換）とした。

第19章　CCSの経済性

表3　火力発電所からの化学吸収法によるCO_2回収コスト

発電所		微粉炭火力			LNGコンバインドサイクル		
CO_2回収量	千t-CO_2/年	1,000	2,000	4,426	1,000	2,000	2,794
発電ロス率	kWh/MJ	0.028	0.045	0.055	0.091	0.091	0.091
送電端効率（REF）	％	40.07	40.07	40.07	49.30	49.30	49.30
送電端効率低下	％	1.19	3.01	7.42	2.76	5.52	7.63
CO_2排出係数（REF）	kg/CO_2/MWh	738.7	738.7	738.7	381.0	381.0	381.0
CO_2排出係数（CAP）	kg/CO_2/MWh	606.5	473.9	90.7	272.2	149.7	45.1
設備費合計	百万円	13,841	25,289	50,563	18,184	33,393	44,372
発電単価（REF）	円/kWh	5.7	5.7	5.7	6.2	6.2	6.2
発電単価（CAP）	円/kWh	6.2	6.8	8.6	6.9	7.7	8.4
発電単価増	円/kWh	0.5	1.1	2.9	0.7	1.5	2.2
Cost Avoided	円/t-CO_2	3,934	4,294	4,413	6,754	6,521	6,420

算出結果を表3[4]に示す。ここで，発電ロス率は回収時のエネルギー消費がどの程度の発電ロスにつながるかを示す指標であり，発電所における熱統合の程度を示している。LNGCCでは微粉炭火力より熱統合が難しいため，発電ロス率は大きな値となる。また，微粉炭火力においても回収量が増加すると熱統合が難しくなり，発電ロス率は上昇する。CO_2回収コストは微粉炭火力で3,900～4,400円/tCO_2，LNGCCで6,400～6,750円/tCO_2と算出された。なお，吸収液の消費エネルギーを6割にし，さらに熱統合を進め，設備コストダウンをはかることによって微粉炭火力で2,500～2,750円/tCO_2，LNGCCで4,000～4,150円/tCO_2にコスト低減が可能である。

また，氣駕ら[5]は酸素燃焼による分離回収コストが約3,000円/tCO_2であるとしたうえで，さらに，空気分離膜実用化の場合，2,000円/tCO_2下げられるとしている。

さらにIGCCにおける回収コストは表2に示すように3,500円/tCO_2程度であるが，CO_2分離膜の適用によって，1,000円台とすることを目標にした開発が行われている。

3.2　輸送

CO_2の輸送方法のうち，パイプラインと船舶の2つについてコストの検討例を紹介する。

パイプライン輸送コストについては，IPCC特別報告書[1]，IEA CCSロードマップ[8]，日本の地中貯留プロジェクト報告書[2]などにまとめられている。

日本のパイプライン輸送コストについては，経済産業省[6]により，地中貯留プロジェクトの成果に基づき，図3のようにまとめられている。このうち陸上パイプラインについては，輸送量を100万 tCO_2/年，輸送距離を100 kmとすると，年経費率が0.12であるから，単価は2.92億円/kmとなる。

また，IEAのCCSロードマップにおける分析によると，総パイプライン投資額149億米ドル＝1兆4,900億円を総延長10,700～12,350 kmで割ると，平均的な単価は1.2～1.4億円/kmとなる。

船舶輸送コストについては，IPCC特別報告書では，大規模輸送の実績はないとしたうえで，

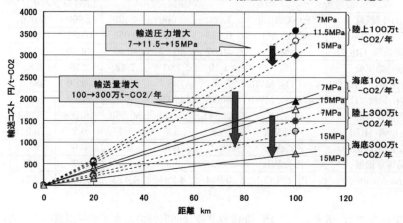

図3 日本の輸送コスト試算

いくつかの前提条件を設定して試算を行っている。同報告書の予察的な検討結果では，例えば，CO_2 輸送タンカーの建造コストを1万トンクラスで3,400万米ドル，3万トンクラスで5,800万米ドルなどとしたうえで，輸送量を600万 tCO_2/年，輸送距離を500 kmとした場合のコストは約10米ドル/tCO_2 と試算されている。

最近，ヨーロッパにおける船舶輸送の検討結果（例えば，ZEP，2011[7]）が公表されているが，ヨーロッパにおいても大規模輸送の実績はまだない。

なお，NEDOゼロエミッションプロジェクトでは，パイプライン輸送と船舶輸送の両方が検討されている。

3.3 貯留

貯留コストについてはIPCC特別報告書[1]，IEAのCCSロードマップ[8]，日本の地中貯留プロジェクト報告書[2]に示されており，このうちIEA（2009）によると，貯留CO_2 1トン当たりの資本コストは，0.6-4.5米ドルになると推定されている。

さらに，国内に関しては，詳細なCCSのコスト検討が，NEDOゼロエミッション石炭火力発電FSプロジェクトで実施されている。同プロジェクトの検討では，数地点でのIGCCから海域の深部塩水層を結び，CO_2 の分離回収から輸送，貯留に至るまでのトータルコストが算出されている。

NEDOゼロエミッションプロジェクトでの検討条件のうち，圧入量に関しては以下のとおりである。

　　商用ケース：約150万 tCO_2/年，圧入期間20年間，総貯留量約3,000万 tCO_2

また，コストの検討にあたっては，あらかじめ想定地点ごとに水深，離岸距離，坑口位置，基

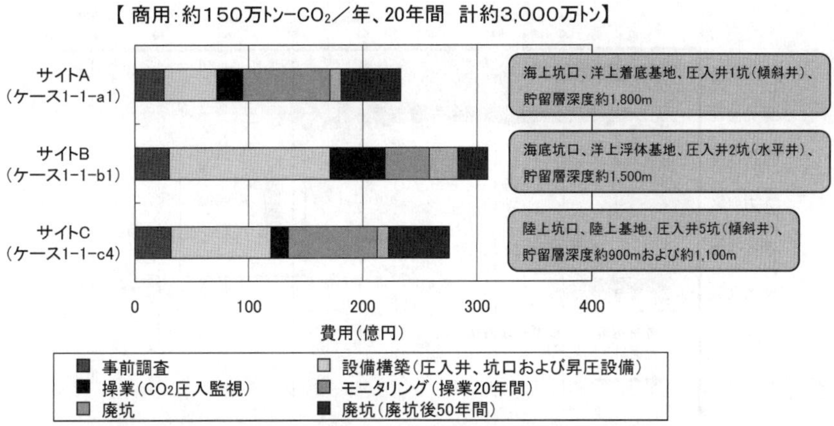

第19章　CCSの経済性

【商用：約150万トン-CO_2／年、20年間　計約3,000万トン】

サイトA
（ケース1-1-a1）
海上坑口、洋上着底基地、圧入井1坑（傾斜井）、貯留層深度約1,800m

サイトB
（ケース1-1-b1）
海底坑口、洋上浮体基地、圧入井2坑（水平井）、貯留層深度約1,500m

サイトC
（ケース1-1-c4）
陸上坑口、陸上基地、圧入井5坑（傾斜井）、貯留層深度約900mおよび約1,100m

費用(億円)

■ 事前調査　　　　　□ 設備構築（圧入井、坑口および昇圧設備）
■ 操業（CO_2圧入監視）　■ モニタリング（操業20年間）
□ 廃坑　　　　　　　■ 廃坑（廃坑後50年間）

図4　貯留システムの概算費用の試算例

地の種類，貯留層深度，圧入井数などの条件が設定されている。

　貯留システムは，作業工程の点で，事前調査，貯留設備の建設，圧入操業，モニタリング（CO_2圧入時およびCO_2圧入終了後の両方），廃坑に区分できる。これは区分の仕方の一つであるが，この区分に従い，作業工程ごとに費用が算出される。

　これらの作業工程の中で複数の作業工程にまたがり，貯留コスト全体に対しても大きな割合を占めるのが，坑井掘削およびモニタリング（特に3次元弾性波探査）である。このうち例えば，モニタリングの費用は，モニタリング期間の長さと実施頻度によって大きく左右される。

　貯留システム全体の概算費用として，NEDOゼロエミッションプロジェクトでの検討結果のうち，代表的なケースについてまとめたものを図4に示す。

　図4から，例えば，以下のことがわかる。
　・サイトAおよびサイトCでは，モニタリング（操業時および圧入終了後）の費用が，貯留設備の建設費用よりも高く，サイトAでは貯留費用全体の約6割程度に達する。

4　おわりに

　最後にCCS実施時の発電コストを再生可能エネルギーと比較してみたい。図5に示すように，CCSは地熱と同レベルで，風力よりやや安い位置にあり，バイオマス発電，太陽光発電および海洋発電に比べてはるかに安価である。このように，CCSは他のCO_2削減技術に比べて非常に安価な選択肢である。

　本稿でのベースとなる作業は，経済産業省補助事業「二酸化炭素固定化・有効利用技術等対策事業，二酸化炭素地中貯留技術研究開発」，NEDO委託事業「革新的ゼロエミッション石炭ガス化発電プロジェクト，発電からCO_2貯留までのトータルシステムのフィジビリティー・スタディー」の中で実施したものである。経済産業省およびNEDOの関係各位に謝意を表する。

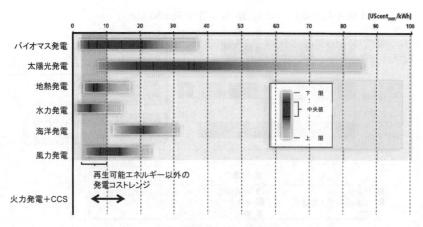

図5　発電コストの比較

出典：再生可能エネルギーはIPCC再生可能エネルギーに関する特別報告書（SRREN），Figure 10.28, 2011[9]，CCSはIPCC二酸化炭素回収貯留に関する特別報告書（SRCCS），Table 8.3a, 2005[1]の値を用いた。後者ではCCSコストが4.3-9.9 UScent/kWh，通常化石燃料発電比で+1.2～+4.7米セント／kWhとされているので，前者の化石燃料発電のレンジ＋CCS増分を矢印で示した。

文　　献

1) IPCC, IPCC Special Report on Carbon Dioxide Capture and Storage. Prepared by Working Group III of the Intergovernmental Panel on Climate Change (Metz, B, *et al.* (eds.)), Cambridge University Press (2005)
   http://www.ipcc.ch/
2) 財団法人 地球環境産業技術研究機構，平成17年度二酸化炭素固定化・有効利用技術等対策事業 二酸化炭素地中貯留技術研究開発 成果報告書（2006）
   http://www.rite.or.jp/Japanese/h17seikahoukoku/17jigyou/17chichu-4.pdfおよび同6.pdf
3) 財団法人 地球環境産業技術研究機構，平成22年度温暖化対策基盤整備関連調査（二酸化炭素固定化・有効利用技術等調査）調査報告書（2011）
   http://www.meti.go.jp/meti_lib/report/2011fy/E001507.pdf
4) 財団法人 地球環境産業技術研究機構，平成18年度二酸化炭素固定化・有効利用技術等対策事業 二酸化炭素地中貯留技術研究開発 成果報告書（2007）
   http://www.rite.or.jp/Japanese/h18seikahoukoku/18jigyou/18chichu-60.pdf
5) 氣駕尚志, 三澤信博, 山田敏彦, 酸素燃焼の実証試験と商用化に向けて, *JCOAL Journal*, vol.11, p.9-11（2008）
   http://www.jcoal.or.jp/publication/jcoaljournal/dlfiles/JCOAL_Journal-11.pdf
6) 経済産業省, 産業構造審議会環境部会地球環境小委員会（第29回), 資料6, p. 21 (2006)

第19章 CCSの経済性

   http://www.meti.go.jp/committee/materials/downloadfiles/g60525a09j.pdf
7) ZEP, The Costs of CO_2 Transport (2011)
   http://www.zeroemissionsplatform.eu/library/publication/167-zep-cost-report-transport.html
8) IEA, Technology Roadmap - Carbon capture and Storage (2009)
   http://www.iea.org/papers/2009/CCS_Roadmap.pdf
9) IPCC, IPCC Special Report on Renewable Energy Sources and Climate Change Mitigation (2011)
   http://srren.ipcc-wg3.de/report/

座談会
「わが国でのCCSの課題と展望」

2011年8月23日　実施
パネラー：秦　茂則，佐藤光三，中尾真一，松岡俊文，阿部正憲，高木正人
オーガナイザー：本庄孝志

|本庄| では，座談会を始めさせていただきます。
　本日は，お忙しいところお集まりいただきましてありがとうございます。
　司会を仰せつかりましたRITEの専務理事の本庄でございます。どうか，よろしくお願いいたします。
　わが国におきまして，CCSは調査研究フェーズから大規模実証フェーズに移るところにございます。わが国にとりましてCCSは今後，より現実的なCO_2削減技術であるとともに多くの課題にも直面し，適格な対応が必要となっております。2012年にはCCSに関する世界最大の国際会議でございますGHGT11が京都で開催されることになっておりまして，日本のCCSのプレゼンスを示す絶好の機会でございます。
　今回，RITEが中心となりまして，CCS技術の現状と課題をシーエムシー出版の書籍「CCS技術の新展開」にまとめました。本書籍は急速に発展しておりますCCSについて，政策および技術的な側面から，より詳細に解説したものとなります。本書のまとめとして，この座談会を企画した次第でございます。本座談会では，これまでわが国のCCS技術の発展に携わってきた方々にお集まりいただき，わが国にとってのCCSの役割，現状，課題を振り返りながら，今後，わが国がCCSをどのように利用していくのか，その展望について議論していきたいと考えます。

本庄孝志
㈶地球環境産業技術研究機構　専務理事

わが国におけるCCSの役割

|本庄| それでは，まずわが国におけるCCSの役割についてご議論いただきたいと思います。わが国が現在，直面しておりますエネルギー問題，環境問題を考えますと，CCSは重要な役割を果たすべきと考えられます。特に東日本大震災による福島の原発事故のあと，再生エネルギーにシフトをしつつも，引き続き化石燃料には依存せざるを得ない状況にある中で，CCSは今後ますます重要になってくると考えられております。わが国として，CCSを今後どのようにとらえていくべきでしょうか。
　まず，秦室長から政府としてのお考えをお聞か

せいただきたいと思います。よろしくお願いいたします。

秦 先生方のご案内のとおり，IEAの試算によりますと，2050年のCO_2の排出量を2005年比で半減するという目標を達成する上で，CO_2削減量の約2割をCCSが担う必要があるというレポートが出ております。このように世界的にも大幅なCO_2の削減を達成する上でCCSは必要不可欠な技術であるというふうに考えております。

これまで政府が取りまとめました戦略などにおいても，平成20年の低炭素社会づくり行動計画，それから平成22年度のエネルギー基本計画などにおいて，「2020年のCCS実用化を目標として大規模実証事業や必要な研究開発を推進する」ことが記載されておりまして，わが国においてCCSの重要性というのは変わりありません。

今般の東日本大震災と福島原子力発電所の事故を受けまして，現在，日本国内では原子力推進の在り方を含めたエネルギー政策の見直しが喫緊の課題となっております。今後，構築されるべきエネルギー構造は安全で安定，安価で環境にもやさしいものである必要があるという考え方に基づきまして，政府のエネルギー環境会議では，先月29日，革新的エネルギー環境戦略策定に向けた中間的な整理を取りまとめました。その中でも化石燃料の有効活用の観点からCCSの技術開発の加速・実用化は期日付の優先課題として位置づけられているところであります。

本庄 ありがとうございます。

このように，政府としてもCCSを重要な役割と認識されて，CCSを推進されようとしておりますが，CO_2を地中に貯留するにいたしましても，安全に貯留できる場所が十分にあり，また，経済的なコストで貯留できるということが必要になるのではないかと思われます。わが国には，どれくらいのCO_2の貯留ポテンシャルがあり，また，貯留にはどれぐらいのコストがかかるのかということをRITEで分析しておりますので，高木サブリーダーのほうから，紹介します。

高木 まず，図3（以降，図表については巻末を参照）が日本の堆積層の分布を示しており，日本の周辺の色を付けておりますところに堆積層がございます。

どれぐらいCO_2が貯留可能かというのが表1でございまして，カテゴリーA，カテゴリーB合わせて1,461億tのCO_2の貯留ポテンシャルがございます。これはわが国の年間排出量の約100年分の数字です。

ただ，注意しなければいけないのは，この分析は国単位のポテンシャルで比較的粗い数字です。このような場所に堆積層がありますが，必ずしもすべてが貯留に適すとは限りませんし，また，経済的に適するとも限りません。貯留層として適合するところはもっと絞られてくるかと思います。絞り込みとより精度の高い貯留ポテンシャルを得るには，より詳細な調査，検討が必要となります。

それから，CCSのコストを表2に示しております。IPCCが2005年のCCS特別報告書にコスト分析結果を示しておりますが，その値を表の右側に，RITEが日本のコストを計算したものを左側に書いております。

IPCCの分析では，増油収入の得られるEORでは，CCSのコストは9～44ドル/t-CO_2としていますが，それ以外は，大体30～90ドル/t-CO_2ぐらいの範囲の中にあります。

秦　茂則
経済産業省　産業技術環境局　地球環境連携・技術室　室長

座談会「わが国でのCCSの課題と展望」

高木正人
㈶地球環境産業技術研究機構　東京分室長／
研究企画グループ　サブリーダー

　日本の場合を計算しますと，分離回収が4,200円。輸送は，これはパイプラインで20キロという比較的短い距離を輸送した場合でございますが，800円。それから，圧入が，地下1,000メートルのところに大偏距掘削（ERD）で圧入した場合，2,300円で，トータル7,300円になっております。

　ただし，ここでもちょっと注意が必要なんですけれども，先ほどの日本の貯留層ですと，結構離れている貯留層もございますし，それから，排出源，例えば，瀬戸内海のあたりは全然貯留層はございませんので瀬戸内の発電所や製鉄所では遠くにCO_2を輸送する必要があります。従って，これよりはるかにコストが上がり，恐らく15,000円程度になるのではないかというふうに読んでおります。

　それから，図4は，発電コストを，再生可能エネルギー等のほかの技術と比較をしたらどうかを示しております。再生可能エネルギー，CCSどちらもIPCCのデータを使っております。火力発電プラスCCSで，kWhあたり，5〜15米セントぐらいのところに来ます。そうしますと，風力とほぼ同じで，太陽光発電よりははるかに安いと，またバイオマスからも場合によっては安くなるというような位置づけになります。CO_2を削減する技術のうちで，CCSは比較的コストの安い，大量に

CO_2の処理ができるという技術と位置付けられます。

本庄　ありがとうございます。

　以上のような，わが国におけるCCSの役割，あるいは損料，コストにつきまして，何かご意見がございましたら，お願いいたします。

　日本CCS調査の阿部部長，いかがでしょうか？

阿部　時々，今でもまだ聞かれるんですけれども，日本では貯留できる場所がないから，海外へCO_2を輸送するというのが本命なのではないかというご意見がありますけれども，このRITEさんが実施されたポテンシャルの評価は，机上検討ではありますけれども，非常に重要だと思っております。

　後ほどまた話に出てきますけれども，大規模実証でこういったポテンシャルが有効に使えるんだということを示した上で，ほかの地点に展開していくというときに，先ほど高木さんもおっしゃいましたけれども，さらに評価の精度を高めるという意味で，現地調査を実証試験と並行で進められれば，海外に持っていかなくても，日本でも十分CCSができるんじゃないかと感じております。

本庄　ありがとうございます。

　海外プロジェクトに精通しておられる松岡先生いかがでしょうか？

松岡　具体的に海外プロジェクトなどでは，コ

阿部正憲
日本CCS調査㈱　技術企画部長

スト評価も厳しく行っているようで，コストの比較のところで質問ですが，分離回収の価格というのは，世界的に共通だという気がするんですけれども。

高木　ここは世界的に大体似たような数字です。

松岡　日本では，コストの問題というのは，この表2から見ると，例えば，圧入コストが少し高めということですか。

高木　圧入は，これは初期に検討しましたので，比較的辛目に見てるんです。井戸1本で年間10万tしか入らないとしておりまして，今ですと，場所にもよるんですけれども，もう少し大きな数字になるんじゃないかなと思います。ただし，一方，ERDが使えるとか，深度が1,000メートルと甘く見積もっているので，両方合わせると，同じようなぐらいのところにいくのかなというふうに思います。問題は輸送が，これぐらいのところで収まるかというところで，もうちょっとコスト高になってくるだろうと予想しています。

松岡　これ見ると，分離回収が全体のどれぐらいですか？　7割？

高木　そうですね。6割から7割。

中尾　ここの分離回収コストは，これ燃焼排ガスですよね。

高木　燃焼排ガスです。これは微粉炭火力からの燃焼排ガスです。

中尾　ポスト・コンバッションとプレ・コンバ

松岡俊文
京都大学　大学院工学研究科　教授

中尾真一
工学院大学　工学部　教授

ッションのどっちがいいかという議論があります。プレ・コンバッションが本当に技術的に確立しているかというところが若干あるので問題なんですが，単純に分離回収コストだけで話してると，問題ですね。プレ・コンバッションでは，圧力が上がってますから，回収コストとしては楽になる。ポスト・コンバッションだとどうしても，完全に大気圧ですから，分離するにはなんらかのエネルギーが必要です。プレがいいかポストがいいかというのは，それぞれやっている人は自分のほうがいいと思っているわけなんですけれども，あまりフェアな比較がきちんとはできてないですね。

高木　おっしゃるとおりです。

中尾　フェアにエンジニアリング的に比較をして，プレのほうがいいんだったら，やはり，プレ・コンバッションの発電所にするということで技術開発を本気でやらないといけない。ポストのほうがいいんでしたら，ポスト用の分離回収技術に注力しないといけない。その比較が，世界的に見てやはり弱いところですね。分離技術をやっている人は，自分の技術がいいということだけ主張するものですから，どうも，ちゃんと比較ができてない。

高木　この本の中でも，コストのところに各技術の比較表を書いてるんですけれども，大体において自分がやっている技術に甘い。例えば，IGCCをやってる研究機関であれば，IGCCは最

新のデータを使って，比較をするところは昔のデータを使うんですね。まともに比較しているというのは，なかなか見当たらないのが現状だと思います。

また，コストは分離回収のコストではなく，発電単価で見ていかないといけない。例えば，プレ・コンバッションですと，回収コストは安いですが，一方で空気のセパレーションのところでお金がかかります。結局，発電コストが幾らぐらい上がるかというところが一つの指標だと思います。

いずれにしても，CCSのコストは図4の範囲の中に収まるんじゃないかなと思っています。

[本庄] CCSの役割等について，何かご意見ございますでしょうか？

今までのご意見をお聞きしますと，問題はコストということですけれども，まだコストは，今後いろいろな技術を進めていくことによって下がるだろうというのが，大体の議論ではないかと思います。そういう意味で，まだまだ日本においても貯留のポテンシャルがあるんだということについて，皆さん共通の認識をいただいたのではないかと思いますが，続きまして，もう少し技術的なところを，せっかく専門家の先生方に来ていただいていますので，掘り下げていただきたいと思います。

CCS分離・回収・輸送・貯留，それぞれ技術的にはどのようなところまで進んできているのか，客観的に見てどんな技術がどのようなところまできているのか，また，今後の技術の進め方についての課題をご議論していただきたいと思いますが，まず，分離回収技術の現状と，今後の課題につきまして中尾先生からお願いしたいと思います。

[中尾] CO_2を分離回収するということで，幾つか技術がございます。大きく分けると吸収法と吸着法と膜分離だというふうに理解しています。

吸収法は化学吸収法と物理吸収法がありますが，今実用化に一番近いというか，既にある程度動いているのは，化学吸収法です。その中でもアミン系の吸収剤の開発が進んでおり，もう30年前ぐらいから使われています。

化学的に結合させますので，物理吸収法とは違い液中のCO_2としての濃度はゼロになりますので，どんどん吸収するわけです。一方，吸収したCO_2をもう一回吐き出させないといけないのですが，化学反応でくっついていますので，ある程度のエネルギーをかけないと離れない。通常は加熱して放出させるわけですが，ここでエネルギーをかなり使います。どういうアミンと反応させるかによって，反応熱が決まりますから，その分のエネルギーが再生のときに必要になります。普通は蒸気を使いますので，コストもかかります。ただ，技術的には，今一番，実用に近いところにあると言っていいと思います。いろいろなロードマップがありますけど，取りあえず2020年で，すぐ使えるのは吸収法だろうと考えています。

ただ，画期的な吸収剤ができればより現実的な技術になるというのは，それは言えばなんだってそうなんですけれども，化学吸収法については技術がかなり完成に近いところにあり，コストももうそんなに下がらないんじゃないかと考えます。すでにいろいろなものが研究されていますし，画期的なものは多分，あまり出てこないだろうなと思います。そうすると，今のコスト，さっきの4,000幾らでしたかね，それがこの先そう変わらない。そこが吸収法の多分，現状だと思います。コスト比較は難しいんですが，エネルギーがどれだけ要るかということははっきり計算上出てきますので，それでいうと3ギガJ/tぐらいか，もう少し下がるかなというところです。

プレ・コンバッションの自圧を持っているCO_2になりますと，また違う話になるんですが，それでも，もう少しエネルギーが下がるぐらいということで，わたしの主観ですけども，プレ・コンバッションでいくんだったら膜とか使ったほうがいいんじゃないかなと考えています。

それから，あまり研究されていないようですが，物理吸収法，要するに溶解平衡で分離する方法ですが，これは，もちろん圧力がないといけません。

ですから吸収溶解させるときは圧力を持っていて，大気圧にして，溶解度の違い，ヘンリー則の分だけ放散するということなので，加熱が要らないので非常にいいんですが，どのくらい溶解度が取れるかということで，完全に決まっちゃうんです。そうすると，そんなにCO_2がやたら溶ける液があるかということになりまして，やはり，結構大きな装置になるだろうなと思います。

もう一つは，プレ・コンバッションでは，どれだけの圧力を持っているかが問題です。完全にヘンリー則が成り立つとすると，圧力が高ければ高いほど溶けますから，圧力でコストがものすごく違ってくると思うんです。ただ，基本的には物理吸収ですので，そうは安くならない。

分離回収のエネルギーは圧力が高ければ，結構下がると思うんですけども，装置的なコストはそんなには小さくならないだろうなと思います。設置場所も広くないとできないということもありますね。

吸着法は，プレッシャー・スイングとかサーマル・スイングで分離するわけですが，大規模な発電所の燃焼排ガスをプレッシャー・スイングで分離するのは，分離をやっている人間から見ると，あまり現実的には見えないですね。プレッシャー・スイングは，サーマル・スイングでもそうですが，非常にややこしい装置なんですね。何塔も立ててかちゃかちゃ切り替えていく。小規模なガスの分離精製では，今一番実用化されています。膜なんか全然かなわないぐらいに実用化していますが，発電所の燃焼排ガスに持っていくのは，あまり現実的じゃないだろうなと思います。PSAをやっている人はなんていうか分からないですけれども，やはり吸収法とかいい膜があれば膜分離のほうがいいだろうというのが印象です。もちろんPSAも圧力を持ってないといけないので，プレ・コンバッション用になります。

それから膜分離は，RITEさんとかいろいろなところで一生懸命研究開発をやっていますが，残念ながら今すぐ使えるような膜はありません。ただ，目標性能として大体このくらいいけばいいということで，膜開発を行っています。これも，プレ・コンバッション用です。CO_2を通す，あるいは水素を通してCO_2を残すと，2通りの考え方があります。

それから，燃焼排ガスを膜で分けようという話もありましたが，膜は圧力をかけないと透過しません。燃焼排ガスは普通は常圧ですので，それをもう一回加圧してというのは，あまり現実的ではないので，プレ・コンバッションで圧を持っているところからCO_2を抜く，あるいは水素を抜くことになります。

CCSで考えると，CO_2を抜いて，水素は圧力を持ったまま後ろへ回すというほうがいいだろうというのが，考え方です。もちろん圧入するときに，CO_2が圧を持っているというのはいいんですが，その圧のまま輸送できるかという問題もあります。

CO_2と水素の分離係数が30ぐらいというのが，今の当面の目標です。これは結構大変なことで，普通の膜はサイズで分離をしますので，小さな水素のほうがよく通るわけです。そこで，大きなサイズのCO_2のほうを通そうと思うとCO_2を選択的に通すなんらかのキャリア的なものを膜の中に入れるということになります。水素を通らないようにしておいて，なおかつキャリアがよく動かないと透過量が上がりませんので，非常に難しい開発になるんですが，今RITEでやっているデンドリマー系のキャリアを入れたもの，それからアメリカなんかでやってるポリエチレングリコール系の材料の膜あたりが，もう少し頑張れば，吸収法とやりあえるかなと思います。

それで，膜では分離係数が30ぐらいで，今目標にしている透過量が出ると，さっきの4,000円幾らが，2,000円を割ってくるぐらいになります。もちろん圧力がありますので，その分の昇圧のエネルギーは要らないということになります。

もっと選択性を上げられますと1,000円を切るぐらい。ただ膜は選択性を上げると，普通は透過性も落ちますので，透過性を落とさずに選択性だけを上げるというのは非常に難しい技術開発にな

ります。ただし、プレ・コンバッションですので、例えば、IGCCの技術がないと駄目ということになります。

　大体、そんなところかなと思いますが、現状技術という意味でいうと、さっきも申しましたように、吸収液は、もうそんなにすることがない。その分すぐ実証に入れるということになります。膜は、いい膜ができるとシステム全体がぐっとよくなるということで、開発の余地が随分あるんです。ですから、これからコストなり必要エネルギーをどんどん下げていくためには、そういうまだ伸びしろが随分ある技術が大事なんじゃないかなと思います。自分が膜をやってるからというわけじゃないんですが（笑）、皆さんがそうおっしゃっています。ただ、膜の開発は、それほど簡単ではない。その辺が現状かなという気がします。

[本庄]　ありがとうございます。今の中尾先生のお話ですと、化学吸収液が一歩先行しているというか、実用化に近いレベルにあると。他方で、漏れ聞くところによると、アミン吸収液を使いますと、アミンが空中に放散して影響がないかという議論も一部に出つつあるということですが、その辺はいかがでしょうか？

[中尾]　そうですね。アミンがそのまま放散するという問題ももちろんありますけれども、やっぱり熱再生するときに、なんらかの分解が起こって、分解生成物ができる。それのほうがもっと飛散しやすくなります。そこら辺の安全性はあまり検討されてないというふうに聞いていますので、実証試験をやりつつ、早急に検討をしっかりしておかないといけません。どうしてもアミンが出るようだと、それをまた空気から回収するみたいな話になりますので、その分コストがどんどん上がってくるということになる。長期間の熱安定性を調べるというところが、当面、非常に大事だと思います。

[本庄]　ありがとうございます。

　あと、今のRITEが研究を進めているデンドリマーを使った膜ですと、既存の石炭火力のレトロフィットでは、技術的には難しいんでしょうか。

[中尾]　今の膜がそのまま使えるかというと、やっぱり性能的な問題がいろいろあると思うんです。ただ、原理的には水素のような小さなガスをとめておいて、CO_2を通せるということですから、いろいろなところで使えるわけです。製鉄所でも、高炉ガスからCO_2を回収するとかに使えます。あと低品質の天然ガスにもCO_2がたくさん含まれています。昔はそんなところ掘らなかったんですが、最近は掘らなくちゃいけなくなってきたので、そういうところではメタンとCO_2の分離をする。これは、水素と分けるよりはずっと楽なわけです。ガスの圧力ももちろんありますので、こちらの方がCCSよりむしろ早いかもしれない。

[本庄]　なるほど。

[中尾]　メタンとCO_2の分離で膜の実用化のためのマーケットを持っておいて、それを改良してCCSのほうに使うというのは、日本であまりやっていませんね。アメリカは天然ガス田がたくさんあるものですから、そこで結構やってますけども、日本はガス田がないので、あまり今、手は出していませんが、使い道はいろいろなところであると思います。

　ただ、なんていうんですか、アミン吸収液の開発にはお金がかからないといったら怒られますけど、膜の開発にはものすごくお金がかかるわけですね。

[本庄]　かかります。

[中尾]　ですから、マーケットが見えないとなかなかうまくいかないんです。日本の膜の競争力は非常に強い。例えば海水淡水化なんかの膜は圧倒的に日本が強いんですが、海水淡水化ははっきりマーケットが見えてたんです。技術開発が始まったときから、真水が欲しいという需要があって、どのくらいの性能で幾らの水がつくれれば、確実に売れるという目標があって、そこに、昔は通産省の大プロが、10年単位でどんと大きなお金を入れて、それで日本の膜が一気に良くなって、ほかのところが手を出せなくしたわけです。ですから、今、海水淡水化の膜といったら日本が3社と、アメリカに1社の4社しかないんです。今、新規

参入しようなんて思っても，もうとてもできないというところまで性能が上がっている。ですから，今，日本のCO_2分離膜もかなりいいところ，そういう意味じゃ，世界トップにいますので，ほかはやる気がなくなるくらいにしてしまうというのが，やっぱり技術開発には必要なんじゃないかと思います。そのためにはマーケットがちゃんとないといけないですが，CCSは，海水淡水化に負けないような大きなマーケットになるんじゃないかなと思いますので，そういう技術開発が必要なんじゃないかなというふうに日々感じています。

CCSの現状と課題

本庄　続きまして，貯留技術の現状と課題についてお話をお伺いしたいと思いますが，まず，佐藤先生から貯留技術の現状と課題をお伺いしたいと思います。特に佐藤先生にはRITEの長岡プロジェクトにつきましてご指導いただきましたので，長岡の教訓，あるいは今後の発展可能性を含め，さらにその技術的なCO_2貯留の課題等について，ご意見を聞かせていただこうと思います。よろしくお願いいたします。

佐藤　長岡プロジェクトの持つ意義ということでは，その実施時期と確認された内容の2つが挙げられるかと思います。CCSを目的としたCO_2圧入の事例としては1996年のSleipnerがあり，これは炭素税回避のために行われています。2000年のWeyburnはEORですから，深部塩水層をターゲットにしたものとしては長岡はSleipnerの次に当ります。2003年から圧入を開始しているわけですが，陸域サイトにおけるリサーチ目的のプロジェクトという意味では，世界でも日本が初めて取り組んだことになります。これには，研究推進の面で非常に大きな意義があると思います。長岡での圧入は既に終了していますがモニタリングを継続する計画もあり，取得されたデータの種類も多く，これらは本邦CCS研究の貴重な財産だと思います。また，得られた内容を一言でいうと「思っていた様になった」ということです。CCSに対しても応用が期待される石油・天然ガス開発技術について，長岡でその有効性が確認できました。この意義も非常に大きなものです。

今後，長岡を踏まえて次の実証試験，更には商用のCCSが実施されると思いますが，それらとの違いは規模だと思います。長岡では圧入井の周り120m以内に3本の井戸を掘り，圧入井の仕上げ区間も意図的に短くしてモニタリング坑井にCO_2が早く届くようにと，かなりリサーチ目的のことを行いました。それは様々なことの確認につながった反面，見方を変えれば，我々が知りたいこと確認したいことを小規模にやり易い仕様で試行したということです。実地への展開では，長岡プロジェクトとは状況がかなり異なる可能性が高いものと思います。長岡でのように坑井間トモグラフィ，物理検層，CHDTを使った流体のサンプリング等の全てを実際に行うわけではなく，それらのデータ無しで地下の状態をシミュレーションにより予測することになりますが，その正確さをどう検証するかが課題でしょう。また長岡は1年半程の圧入期間で，その間繰り返して何回もデータを取ることができ，かなり小まめにヒストリーマッチで貯留層物性をチューニングできたわけです。しかし，実際にはそんなに短い間隔では無理でしょうから，そこをどうするのかも問題になります。圧入規模が大きくなりますから，今後は長

佐藤光三
東京大学　大学院工学系研究科　教授

座談会「わが国でのCCSの課題と展望」

岡の場合の様に1本の垂直坑井で済むとは思えません。ある貯留層に複数本の井戸で圧入し，それも垂直坑井かどうか分からない。水平坑井になると，どの部分から流入しているのか正確に把握できないということも出てくるでしょう。更に複数本で圧入量をどういう具合に割り振るのか，均等にするのか，配分を変えるとすればその割合の根拠は何処に求めるべきか。長岡では経験しなかった問題が，実際の操業では色々と出てくると思います。

加えて，これから最も取り組むべきこととして"安全性の向上"があると思います。例えば超臨界のCO_2よりも溶解もしくは残留ガスとしてトラップされているCO_2の方が，漏洩リスクが低いという点では安全性が高いわけです。先程の圧入量の分配割合の話にも絡みますが，坑井が複数本ですと作為的にインモバイルなCO_2の量を増やすことが可能になると思います。安全性をエンジニアリングすることが複数本でならできるのです。日本の場合はよく貯留層サイズが小さいと言われており，最初に高木さんからご紹介のあったポテンシャル等も，もし境界がクローズドであったなら使っている数字はかなり過大ですよね。ですから，境界が本当は開いているのか閉じているのかを，まずポテンシャル評価の時点で確認しなければいけないわけです。境界が閉じていて貯留層サイズがかなり小さい場合，圧力上昇が極めて激しくなり，状況によっては圧力を下げるために貯留層から地層水を生産する坑井の設置が必要になるかも知れません。圧入坑井から生産坑井へ向けての置換挙動は石油開発で十分研究されていることです。CCSの場合には例えば，ある方向にCO_2を誘導して残留ガストラップの量を増やす，新たな地層水への接触を大きくして溶解させ易くする等，エンジニアリングで作為的に安全性を高めるということが可能になるかも知れない。今後，国内でCCSを実施する場合，能動的な安全性の向上というのが大きなポイントになるのではないかと思います。大規模で容量に余裕のある貯留層では，ただ圧入して終わりかもしれませんが，我々には小規模な貯留層でどの様に安全性を高めながらCCSに取り組むかが求められています。これを逆手に取って，積極的に考えていく必要があると思うのです。石油開発とは違い，CCSの場合はシンクとソースのマッチングが大切になります。貯留し易い所に圧入する技術だけ持っていても困る。導入当初は，教科書的な貯留層が選ばれることが多いでしょうが，次第にCCSが普及していくとソースの近傍に理想的な貯留層があるとは限りません。しかし，そこで慌てて技術開発するというのでは遅過ぎるわけです。むしろ，今の内に日本特有の地質に対してCO_2貯留技術の開発を行うことで，今後世界的に普及した場合のCCS技術を一歩先んじて確立することが可能なのでは，と思います。

本庄　ありがとうございました。

続きまして松岡先生，CO_2の貯留技術の現状と課題についていかがでしょうか。

松岡　今，佐藤先生がかなり広いトピックスについてご説明されたので，わたしのほうからは，2020年に実用化をするというとき，先ほど指摘された安全と，安価という，この2つのキーワードに関して，考えてみたいと思います。わたしの意見としては，地下をモニタリングするということ，つまり，CO_2をいつもわれわれが管理しているという，その観点を忘れないことだと思うんです。CO_2は管理されている限りは安全，逆にいうと，ちゃんとどこにあるか分かるから安全であり得る訳です。また圧入に際して，複数本の井戸が必要になるかもしれないというご指摘がありましたけれども，管理しているからこそ，安価に，次はどこに圧入したらいいかという計画も立てられると思うわけです。地下にCO_2を入れるという，われわれが経験のないことを，これからやろうということで，最近海外を含めてMMVという概念が利用されます。これは，メジャメント（Measurement）してモニタリング（Monitoring）した後に，ベリフィケーション（Verification）があるんだということです。つまり，ある程度予測をしていたのをちゃんとそのとおりなっている

と，認識して，そして対象を管理するという考え方が，CCSを安全にそして安価に行う基本だと思うわけです。

そうしたときに，RITEさんは基礎研究を今まで担ってきておられますし，これからもこれは大変重要なことだとわたしは思います。一方，日本CCS調査さんは，よりエンジニアリング的な部分を受け持っておられます。実際にこれから中規模の圧入を行っていくという意味では，これらは車の両輪のごとく必要だというふうに思うわけです。

基礎研究に関しては，実際に地下の貯留トラッピングメカニズムに関するものが重要です。基本的には物理的なトラッピングと化学的なトラッピングがあります。物理的というのは，例えば，背斜構造あるいは残留ガスとして物理的にトラップされてそれ以上動かなくなるもの，化学的というのは，CO_2が地層水に溶解して，最終的には鉱物化されるというメカニズムがあります。これが，時間軸に対して一体どういうふうになっているかは，いまだによく分かってないわけです。このような基礎の理解，つまり基礎研究は，これからも続けていく必要があります。

もう一つ，実際に実証する必要がある訳です。例えば，アメリカが今CCSパートナーシップという概念で，北米を7つの地域に分けて技術開発を進めているわけです。あれは，地質的なローカル性ということを重要と考えているのではないかと思うわけです。やはり，日本という特殊なといいますか，大きな非常に安定した堆積盆地がなかなか見つかりづらいところで，一体どうすればいいかということを含めた話をしなければいけない。そういう意味で，地下情報が持っている不確実性，完全になかなか把握できないということと，そして地質構造のローカル性の問題をもう少し突き詰めていく必要がある。そのためには，実証をやってみる，そういう経験が必要だろうということで，世界中でいろいろな所で実証試験を行っていると思います。つまり基礎研究で明らかになってくる普遍的な成果と，実証を行うことで地質のローカル性という2つの課題を，各々の組織が両輪となって進めるのは，非常に重要です。

それと，もう一点は，貯留する場所を探すという話ですね。これは地質学的なアプローチがとられているわけですが，同じ地質的なアプローチでも，油田を探す話と決定的に違うのは，石油がたまっている場所を探すのが油田開発なんですが，CCSでは，安全に希望する量のCO_2を圧入出来ることが保証される場所を見つけることです。これは今まで石油業界では行われてこなかったアプローチだと，わたしは思っています。つまりベストの場所でなくても，安全が十分保証されれば，ベターの場所でよいと思っています。

先ほど佐藤先生が多分，同じ意味のことをおっしゃられたと思うんですけれども，常にベストの場所だけを探していては，いっぱいになってしまって，コスト的にも合わなくなる可能性がある。ですから，コストと安全性のところで，もっとアクティブに地下に対してアプローチしていくというのが，CCSの技術体系になってくると思います。

CCSプロジェクトの動向

[本庄] ここで，ちょっと話題を変えまして，CCSの実証プロジェクトについてお話をお伺いしたいと思います。

いわゆるG8では，CCSの実証プロジェクトを積極的に推進していこうという合意がなされておりまして，各国で実証プロジェクトが進められつつあります。

まず，海外でどんな実証プロジェクトが進められているのか，RITEの高木からご紹介させていただきたいと思います。

[高木] オーストラリアにありますグローバルCCSIという，今，IEA等いろいろなところに調査データを渡していて，いろいろ政策的なまとめをやっている組織がございますけれども，これが世界のCCSプロジェクトというのをまとめております。現在，234のプロジェクトがあり，最も

座談会「わが国でのCCSの課題と展望」

多いのがアメリカで31，ヨーロッパが21，カナダが4で，オーストラリアも4，中国が5となっています。

国別に見ていきますと，アメリカでは天然ガスの処理プラントとか，IGCCとか，微粉炭火力とかいろいろな排出源についてのPJが計画されていますが，貯留場所という観点から見ますと，ほとんどがEORです。帯水層というか塩水層での貯留というのはAEPのマウンテニアのパイロットがありますが，EORのプロジェクトが中心で進んでいると思います。

それから，カナダはWeyburnがあるサスカチュワン州とアルバータ州が中心でございます。実験的な研究プロジェクトとしてはサスカチュワンでAquistoreという塩水層貯留のプロジェクトがあるのと，アルバータ州でも塩水層のプロジェクトが計画されていますが，ここも主はEORです。カナダのプロジェクトは，アルバータ州が今一番量が多いと思うんですけれども，アルバータ州では法令でCO_2のオフセットが決まっており，排出目標を超えるものは15ドル/tのオフセットがかかり，このお金はCCSを含めての温暖化防止のプロジェクトに対する補助金に使われるというようなメカニズムを取っております。

欧州では，今21のCCSプログラムが登録されてます。EEPRという経済再生のためのプログラムとNER300という排出権取引EU ETSに関わるプログラムの2つの経済的なCCSプロジェクト支援プログラムが動いております。

ここも，分離回収のプロジェクトはいろいろあるんですけれども，CO_2の貯留という面から見ると，あまり進んでいないのかなというふうに思います。元気なのがオランダで，図6の様にロッテルダムにおいてCCSネットワークを作るという構想があり，オランダの管轄する北海油田の枯渇油田にCO_2を注入していきますが，最初はロッテルダムにある発電所や化学プラントから回収したCO_2を圧入していくんですが，彼らはハブ構想というのを持っておりまして，ロッテルダムの設備を順次拡大していくとともに，オランダの中のほかの排出源からのCO_2もロッテルダムに集める。さらに，ベルギーだとか，その他の国からも集めて貯留していくような仕組みを提案しています。パイプラインだけではなくて，船の輸送も含めて検討するとのことです。

オーストラリアは，昨年ぐらいまでは，クイーンズランド州でZeroGenプロジェクトという，石炭のIGCCから，塩水層への貯留プロジェクトがありましたが，経済性が合わない，特に貯留のところが初めの予想と違って，なかなか圧入しにくくて井戸を何本も掘らないといけないというようなこともあって，中止になってしまっております。

今，4つぐらいのプロジェクトが動いておりますけれども，その一つをご紹介しますと，ビクトリア州のカーボンネットというのがございます。これはメルボルンから南東ぐらいの沖合の貯留層にCO_2を圧入していくということですが，周辺に褐炭の発電所がいくつかございますので，そこから出てくるCO_2をパイプラインで結んで，一つのネットワーク化をして，貯留層に入れていくということを計画しております。

先ほど中国が5つプロジェクトを上げていると申し上げました。ここに上げておりますものは，連雲港のIGCCで，IGCCから回収したCO_2を合成ガス化するとか，あるいは化学品にも変換するとともに陸域の塩水層に貯留するというようなことを計画しているようです。

ほかにもRITEと中国石油との連携のプロジェクトもございます。中国石油はCO_2を使ったEORに取り組んでおりまして，吉林油田で，油・ガス田からのCO_2の分離回収を行って，これを用いてEORをするという実証実験が終了しつつあるというような状況にあります。

それから，韓国がここに上げておりますけれども，これは，阿部さんがお詳しいと思うんですが，韓国はこれまで分離回収の検討はいろいろやってきていますが，貯留のほうはもう一つ進んでおりませんでしたけれども，現在，KCCSAという組織をつくって本格的にCCSに取り組んでいくと

いうことでございます。沖合の貯留層をいろいろ探索をしておりまして，韓国の日本海側のほうの貯留層に圧入しますが，船で輸送することも含めて，ネットワーク的な検討をしているというような状況にあります。

 本庄 ありがとうございます。

 それでは，続きまして，日本CCS調査では，日本における大規模実証事業を検討されているということでございますので，阿部部長からわが国の大規模実証事業の動向についてお話をいただきたいと思います。

 阿部 日本CCS調査は2008年のG8の北海道洞爺湖サミット直前に設立された会社でございます。先ほど，話題になっておりましたRITEさんがやってこられた岩野原圧入試験を受けまして，まず，大規模実証試験を目的に，経済産業省さんやあるいはNEDOさんの委託事業や補助事業を受託しまして，大規模実証試験に向けた調査を実施してきております。

 先ほどから，出てきていることとも関連いたしますが，CCSを日本で大規模に展開しようと思いますと，分離回収・輸送・圧入の各要素，さまざまな組み合わせが考えられますので，実証試験につきましても，複数の組み合わせによる一貫システムの実証が必要だということで，2008年度に実施させていただきました補助事業の成果として，その複数の実証試験が必要だという結論を得まして，複数地点での現地調査というのを提案してきたという状況でございます。

 2009年以降，経済産業省さんとNEDOさんの委託事業の一環としまして北九州地点と，勿来・いわき沖地点，苫小牧沖地点の3カ所での調査を行ってきております。

 そのうち，北九州地点につきましては，後ほど述べますほかの2つの地点と異なりまして，やや古い地質時代の古第三紀と呼ばれる地質の塩水帯水層を貯留の対象としております。古第三紀層と呼ばれる地層が北九州北部に広く分布いたしますので，先ほど，高木さんからもご紹介ございましたように，ポテンシャルという意味で，ここの貯留の可能性を確認できれば，九州北部地域のポテンシャルが広がる可能性があります。

 ただ，北九州地点につきましては，石油・天然ガスの探査が今まで行われてきておりませんので，地下深部の地質データがほとんどないということもございまして，地質調査の初期段階からの調査を経済産業省さんの委託事業の一環として行ってきております。

 具体的には2010年に北九州市の海に面した埋め立て地で，深度1,180メートルまでのボーリング調査を行いました。それで貯留層となる砂岩層と遮蔽層となります泥岩層をほぼ予想どおり確認しております。ただし，貯留層の浸透性が，それほど高くないということと，貯留層の水平方向への連続性がどの程度あるのかの把握が不十分であるということが課題として残っております。

 今年度は，これらの課題を解決すべく，一つは，地質構造形態がどうなっているかをより高い精度で把握するために重力探査を実施しております。昨年度のボーリング調査で取得いたしましたコア資料を用いた，貯留層，遮蔽層の堆積相解析を，今，計画中でございます。今年度両者合わせた解析を行うという予定になってございます。

 それから，勿来・いわき沖地点ですけれども，ここは既存のIGCC（石炭のガス化複合発電）の実証機がございます。そこに，CO_2分離回収装置を設置いたしまして，さらに80kmの海底パイプラインを敷設してCO_2を輸送し，沖合にございます生産が終了した磐城沖ガス田に圧入するというようなシステムを想定しております。こちらのほうの実証試験のフィージビリティ・スタディにつきましては，NEDOの委託事業で2008～2010年に3年間かけて実施させていただいております。

 それを受けました設備の詳細な検討ですとか，あるいはパイプラインに敷設できるのかどうかというようなルート調整につきましては，経済産業省さんの委託事業で実施してきておりました。これにつきまして，IGCC＋CCSということで，これは世界に誇れるトータルシステムではございますけれども，今回の震災によりまして，地元の復

座談会「わが国でのCCSの課題と展望」

旧復興を最優先に考え，当面の間，調査は実施できないという判断に至っております。

それから，苫小牧地点ですけれども，こちらのほうのシステムとしては，複数の工場からCO_2を分離回収しまして異なる方法で輸送して，1カ所の圧入基地から海底下の帯水層へ圧入するというシステムを想定しております。

経済産業省さんの委託事業の一環といたしまして，地上の設備の設計等の検討のほかに2009年と2010年の2回にわたりまして，三次元弾性波探査を実施しております。それから2010年と2011年には，2本の調査井を掘削しております。これらの結果によりまして，苫小牧の沖合数キロメートル地点になりますが，深度2,400メートルぐらいのところに滝ノ上層という厚い火山岩の帯水層を確認しております。それを覆います振老層と荷菜層という泥岩の地層を確認しております。

もう一つ，より浅いところ，深度1,100メートル付近に萌別層という地層の砂岩貯留層と，それを覆います萌別層の泥岩の存在を確認しております。今現在，調査井で取得されましたコア試料の詳しい分析を行って，調査の結果を踏まえた地質モデルの構築と，それからCO_2挙動シミュレーションを実施中でございます。

この地点につきましては，調査は今最終段階にきておりまして，本年度上期中には貯留層の総合評価を終えまして，貯留層総合評価と実証試験計画案を経済産業省さんに提出するという予定でございます。

冒頭，本庄専務からご紹介ございましたとおり，国のCCS実証試験も調査フェーズから大規模実証フェーズに移ろうとしているということですので，弊社といたしましてもご協力できるかと思いますので，積極的に参加をしていきたいと考えているところでございます。

[本庄] ありがとうございました。

今のお話をまとめますと，日本における大規模実証事業も，いよいよ調査フェーズから実施フェーズに移行するということでございます。これから，実施フェーズに移行するに際しまして，いろいろと技術的な課題とか出てきますので，そういった意味での実質的な指針，あるいは事業実施ということになりますと，諸制度の枠組みの整備，あるいは地元への受け入れといったことが必要になってくると思われます。

こういったことにつきまして，実証事業を推進される政府としてのお考えを秦室長からお聞きしたいと思いますが，よろしくお願いいたします。

[秦] 大規模実証事業の実施におきましては，第一に安全に実施できることが重要と考えております。経済産業省といたしましては，CCSの大規模実証試験を行うに際しまして，有識者によるCCS研究会を開催しておりまして，平成21年8月に「CCS実証事業の安全な実施にあたって」という指針を策定しております。

これは実証試験を行う際の貯留層の調査方法や圧入設備や，圧入性の安全や環境に配慮した設置方法，CO_2のモニタリングの方法，法令の順守などについてまとめたものでありまして，この指針に基づいて，大規模実証試験の候補地の調査を進めているところでございます。

今年の秋には，先ほどお話にありましたように，日本CCS調査さんから大規模実証試験の候補地の調査結果として，貯留層の総合評価と実証試験計画案が提出されることを承知しております。経済産業省では，この貯留層総合評価と，それから，実証試験計画案について有識者による第三者検討会を開催しまして，技術的な観点から当該調査結果について遺漏がないか，安全や環境に配慮した実施計画案となっているかについて，ご意見や提言をいただきまして，経済産業省としての実証試験計画として策定することを予定しております。

また，実証試験を行う際には，特に地元の方々のご理解が不可欠であります。そのために，検討会での技術的な議論とは別に地元の方々の理解を得るために，CCSとは何か，なぜ国はCCSを推進しているのか，大規模実証試験を行うことにより，危険や，環境へ影響が出ないかどうか，CCSに関する情報を住民の方々にご理解いただくということで，地元でもCCSフォーラムの開催や，

それからCCSに関する展示会の開催，自治体のご理解を得た上での市の広報を利用したチラシの配布など，できる限り多くの方々に情報が行き届くことを目指して活動しているところでございます。

本庄　ありがとうございます。

今のお話ですと，これからの大規模実証事業の実施に向けまして，政府におかれましてはCCS検討会をつくられていろいろな技術的な課題についての検討を進められると同時に，地元の方の理解の促進のために，いろいろな説明会を含めた努力をされると，ダブルトラックの努力をされるというふうにうかがっております。ぜひ，そういう方向で進めていただきたいと思います。

CCSの今後の展望

本庄　最後といっても，まだ30分ぐらいございますけれども，本日，せっかくこれだけの皆さまに集まっていただいておりますので，CCSにつきまして，今後どのような方向を目指して，どのように取り組んでいけばいいのかについて，皆さまからご意見をちょうだいしたいと思います。

特に，論点といたしましては，大規模実証試験を踏まえた実用化技術の確立，また，CCS技術の国際的なネットワークの在り方，また，サスティナブルにCCSの事業化を推進するための政策，また発展途上国へのCCSにかかる技術移転などの国際協力も含めまして，幅広い観点からご意見を頂戴できればと思います。

まず，松岡先生からご意見を頂戴したいと思います。よろしくお願いいたします。

松岡　CCSの将来，今後という観点で，われわれが一つ考えなければいけないと思っているのは，この技術が実用化されたときに，一体だれがCCSをやるかという，その事業化のシナリオをわれわれが持っているかというところです。

それにしたがって技術なり，あるいは経済的に引き合うかということを含めて，いろいろな観点から考えていかなければならない訳ですが，そういう意味では，まず，経済的に引き合うだろうかということに関して，もう少し議論が必要になるんじゃないかなと思っております。ご承知のようにCOP16でCCSのCDM化の議論を始めましょうということがスタートしたわけです。それを受けてCOP17でもう少し突っ込んで，いずれそういう議論が国際的にされていくだろうと思います。そういう中で技術が確立して事業者のイメージが出来てくると，基準化というのが当然なされてくるわけです。RITEさんは情報をかなり集めておられると思いますけれども，ISOの基準化という過程を含めてアメリカ，中国が動いているという話も聞いてます。実用化という観点においては，基準化がなされると，その枠内での技術開発になっていくわけですね。そのためにも，いろいろな意味でのネットワークを持ちながら技術を確立していくことが必要で，それが将来的には発展途上国への技術の移転にもつながっていくだろうと思います。

そういう全体像の中でわが国は，どういうプレーヤーとなるのかというイメージを経済産業省さんなりが作り上げてもらいたいと思っています。産業として，つまり，今までCCSという産業は存在しなかったわけですが，2050年に全世界的には20兆円ぐらいの規模の一つの産業ができ上がると予測する人もいます。そういう産業ができ上がったときに，それはだれが，どういうふうにやっていくかというところを，少し考える必要があるんじゃないかなという気がします。

ご承知のように，アメリカは35年ぐらいの大変長い間，CO_2を地下に入れてきた歴史を持っています。CO_2 EORという概念です。これは日常的に行われているので，当然のことながら保険といいますか，万が一，事故が起きたときには，だれがどういう対応をするか，それをどういうふうに直すか，ということを含めた議論というのは，当然アメリカあたりはされているんですけれども，なかなか日本はそこまで議論が至っていないような気がします。これは海外で議論されていて，まだ国内で議論されてない点だと思います。

座談会「わが国でのCCSの課題と展望」

　最後に，実は，コスト・エバリュエーションの問題ですが，分離回収については，恐らく，非常に工学的な問題なので，パチッと価格が出てくると思いますが，やはり貯留のところのコスト・エスティメーションが，かなり変動幅を持っているのではないかなと思います。それは，初めは圧入出来ると思って入れ始めたんだけれども，やはり，不確実性のために入らなくなったと言うことも想像出来ます。これは石油業界ではよくある話で，ある程度これぐらいもうかるだろうと思っているんだけれども，なかなか思い通りには進まないこともあります。

　だから，そういう意味でのリスクを含めて，このような点もちょっと考えていかなければいけない事柄ではないかという気がします。

|高木| 先ほど，ZeroGenの話をしたんですけれども，あれは，最初はフィージブルだと思って，会社まで立ち上げたんですよね。最初は，もっとたくさん圧入できるだろうというふうに予測したようなんですけれども，思いのほか入らなかった。いろいろな場所で，たしか10本かもっと，試験井を掘っていると思うんですけど，結局，やはりなかなか入りにくくて，初めのシナリオと乖離してしまったということで，会社を閉めるところまで至ってしまったんですね。

　だから，貯留の部分というのは，すごく不確実なので要注意です。それから，ミクロの範囲での圧入性についてのデータは結構ありますけれど，もっと大きく見るとかなり不確実なので，どのようにすると事前にうまく圧入性を把握できるのかを把握することが，重要じゃないかなと思います。

|松岡| ZeroGenの場合は，個人的感想は，CCSでお金をもうけようという人にとっては，ある程度の量が入るところじゃないと，そういう場所の開発はしないと思います。だから，規模を含めて，いろいろなパターンが将来的に考えられると思いますが，多分，ZeroGenの場合は，コストを度外視した純粋な研究ではなくて，事業化をより重視したのかもしれないと思うわけです。

　あと，コスト評価のところで，圧入のコストの振れ幅が一番大きいんじゃないですか。

|高木| ですから，コスト計算ではあえてティピカルな例しか出してないんですね。貯留層の状況というのが分からないし，それに応じてコストがかなり変わってくるとは思います。よく調べていくと，断層があったり，断層の性質をどのように見ればいいのかというような部分が，また出てきますし……

|松岡| それは，裏腹でして，初めの予測よりもそれ以上に入れば，それは非常にハッピーな効果ですね。変動があることをネガティブに考えるんじゃなくて，変動の存在を認めてしまう。そして確かに変動があるが，それをいかに縮めていくかという事に努力する。これは，また，大変必要な技術だと思います。

|阿部| 石油開発の場合は，油価が別な要因で決まっていますので，地質的なリスクを企業が負うという体勢で十分経済的にやっていけるんですが，CCSの場合はご承知のとおり，排出権取引価格が1,500円ぐらいと，今のように非常に低いような状況で，分離回収をやって輸送して圧入するというシステムを考えると，RITEさんの計算のベストケースでもトンあたり7,300円かかってしまい，多分，現実にやろうと思うと理想的なケースでも10,000円とかの金額になるんじゃないかなと思います。そうすると，排出権価格なんかよりも高いということで，市場に任せておいたら，とてもペイするような価格じゃないと思います。そういう意味で，やはり相当程度，国のサポートがないとできないと思います。特に松岡先生ご指摘のリスクのところについては，やはり，相当国のほうで負っていただけるようなシステムがないと，2020年までに実証試験が終わりましたからあとは民間で，ということでは進まないのかなと思います。

|本庄| 先ほど，松岡先生からCCSのプレーヤーはだれになるんだと。CCS産業というのが日本で育つのかどうか，あるいは育てるとすると多分，産業行政をしておられる経済産業省ということに

なると思うんですけれども，そこでやはり，一番大きく産業の立場からして問題になるのは，リスクを未来永劫負うのかどうかということです。欧米なんかでも，貯留をした人が何万年も先までリスクを負うとなると，だれもやらないんだろうということで，ロングタイム・ライアビリティというのは，ある時期から政府に移していこうという議論がなされていまして，そういったところの基盤整備をしていただかないと，産業としては成り立たないのかなと，わたしどもは思っているんですが。

中尾先生いかがでしょうか。

中尾 分離回収の技術という面でいうと，取りあえず2020年までにCCSを実用化するという意味では，化学吸収法でいいだろうと思うんです。もちろん，その前にいい膜ができるとか，ほかの技術ができれば，それはそれでいいんですが。ただ，やっぱりどうしても，コストがそんなに下がらないだろうというところがあるので，その先を考えると，伸びしろがある膜を考えるということになると思うんです。そのときに，さっきも申しましたように，膜の開発というのは非常にお金がかかるわけです。海外も膜の開発が，また結構盛んになってきていますので，アメリカもヨーロッパもかなわないというような状況をつくるためには，非常に大きなお金を入れないといけないだろうと。もちろん，RITE 1カ所でやっているだけでいいかという問題もありますけれども。日本の液系の膜の開発というのは，昔はナショプロが10年だったというのもありますけれども，国がその当時，膨大なお金を投入して，それで，圧倒的にいい膜ができたわけです。それで，どこもついてこられなかったという，やっぱりそういう状況をつくらないと駄目なんだろうなと思います。そのときに，さっきのプレ・コンバッションでいくのかというような問題ですが，今のCO_2分離というのは，基本的にはIGCCを前提に置いています。燃焼排ガスでもいいんですが，燃焼排ガスだと圧力がないですから，やっぱり，そんなにコストが下がらない。そうすると，基本的には石炭で

すよね，石炭の利用方法をどうするかということとペアになっていないと駄目なんです。電力業界が「いやいや暫くずっと石油でいい」とかといっていると，つくっても使い道がない。天然ガスとかでももちろんいいんですけれども。ですから，発電等のエネルギーシステムをどういうふうにするかというところは，やっぱり国でしっかり政策をつくっていかないといけない。原子力は少しずつ減らすとなるとやはり火力になる。火力といっても，石油はやっぱりなくなってくるわけです。そのときに石油はやっぱり燃しちゃいけない。われわれは化学系にいると，石油は原料として使いたいわけです。燃すなんて，もったいなくてしょうがないわけです（一同笑）。そうすると，やっぱり石炭にいくわけです。石炭は発電費用も安いんですが，ただ，いろいろなものが出てくる。そうすると，プレ・コンバッションでIGCCみたいなものを使って発電する，石炭火力だからCO_2がたくさん出ますから，それは回収する。

そういうシステム全体のシナリオがあって，開発レベルも大体そろえておかないと，膜ができたけどIGCCがいつまでたっても動き出さないというんじゃ駄目ですし，IGCCだけやっても，CCSがうまくいかないんだったら，やっぱり駄目ですし。そういうところは，どこかがコントロールしてないと駄目で，それは本来，国がやるんだと思うんです。

日本の技術開発って，今までそういうふうにはあまりなってないんです。個々の技術をみんな勝手にやっている。ですから，その辺を国のほうで方針をがっちり決めてやっていただかないと，2050年に，本当に大々的にCCSで石炭をどんどん燃して火力発電しているというような話にはならないんじゃないかなと思います。自然エネルギーといったって，それで日本中，世界中のエネルギー全部賄えるようには絶対ならないでしょうから。石炭も，いずれなくなるかもしれませんけれども，まだまだ量が多いですから，その辺ぜひやっていただきたいというのが一つです。

それから，もっと細かい話でいうと，膜の開発

座談会「わが国でのCCSの課題と展望」

というと，RITEさんがやっているのもそうですけれど，このぐらい（手のひら大）の膜をみんな作って，テストするわけです。こういう膜がいい膜でも，実際使うときは1メートル幅で何千メーターとかって成膜して，モジュールとわれわれが呼んでいるものをつくるわけです。そういうモジュールを何百本，何千本というふうに組み合わせて，プラントになるわけなんですね。小スケールテストのものでは非常にいい膜はできただけでは，なかなか実用にならない。早い時期から大面積製膜技術とかモジュール化技術というのは検討しないといけないんですが，これ，お金がかかるんです。小サイズだったら，NEDOがちょっとくれるぐらいのお金でもいけますが，それでは，膜メーカーだって，絶対それは嫌だといって，やらないわけです。自分のお金ではですね。絶対に儲かるんだったら別ですが。ですから，そういうところも同時並行的に技術開発しないといけない。そこが今，プロセスの設計まで含めて，非常に弱いところです。だから，そこら辺もぜひ考えていただきたいですね。

それからもう一つ，地層に圧入するときに，本当に問題なのかどうか，ちょっとわたしも定かではないんですが，回収CO_2の濃度というんですか，純度，ここが今は99％とか99点幾らと言っているようですが，これは，アミン吸収だと99.9幾つとか，原理的に何やったってそうなるんですね。ところが，膜の場合はずっと透過していきますと，フィード側の濃度がどんどん下がっていきますから，分離係数がずっと落ちてくるわけなんですけれど，99.99％なんていうのは非常に無理があるんです。例えば，99％というのと，95％，あるいは90％。これは全然コストが違うわけです。ただ，もちろん90％の純度の残り10％がへんちくりんなガスじゃもちろん困りますが，例えば，窒素なら別にいいんじゃないかなと，わたしは思うわけです。ですが，どこかで99.9とか，99で決めちゃう。

これ，非常に問題なのは，膜開発は日本にかなわないという状況に世界がなったときに，ISOみたいなもので99.9とか，膜じゃ無理だというところで基準をつくられると，日本がいい膜をつくったとしても圧入できなくなるんですよね。だから，ここ非常に大事なところで，日本も変なガスが残っていなければいいというふうに早くして，世界の標準化みたいなところに積極的に出ていかないといけない。日本は膜が強いから膜でいこうというんだったらそこをやらないと，膜はできたけど圧入できなくなっちゃったというふうになります。

そこは，ぜひ圧入のほうで，別に窒素が入っても問題ないんだろうと思いますので……

松岡　カナダのWeyburnもCO_2濃度は95％だった……Sleipnerはちょっとそこまで数字を覚えていないですけど。

高木　Sleipnerは化学吸収（MDEA法）ですが95％ぐらいですね。

佐藤　値は下がってくることはありえますよね。海洋汚染防止法では，アミン吸収に限った99％を設定しているので，アミン法以外であればまた別途，設定しますということになっています。

中尾　そういってもいつの間にか……

佐藤　独り歩きして……

中尾　怖いところなんですよね。

佐藤　むしろ石炭層だと，窒素が混じっていた方が吸着が多少弱まり浸透率の低下が抑えられるということもあるので，貯留サイドからすると容積がもったいないということ以外，殆どそこは問題にならないと思います。

中尾　そういう見解をぜひ，出していただきたいですね。膜の開発プロジェクトというのは，とにかくよく透過して，分離がよいと言わないと，お金出してくれない。この程度でいいなというと，けしからんということになって，そうすると必要以上の目標掲げちゃうんですよね，それで，自分で自分の首絞めてるみたいになる。もちろん50％なんて論外ですけど，この辺でものすごく変わるんですよ。ですから，そんなに純度が要らないのでしたら，そのくらいでいいですよというふうに，ぜひ言っていただいて。

CCS技術の新展開

本庄 佐藤先生，CCSの今後の展望についていかがですか。

佐藤 事業化ということでコストとロングタイム・ライアビリティ，法規制についてのお話がありましたが，これに加えてPA，パブリック・アクセプタンスが重要かと思います。CCSのPAでは，対象になるのがどういう方かを考慮する必要がありそうです。最近スイスで実施された一般人に対する調査結果を解析した論文が出ていましたが，まず「温暖化対策のためにCCSという技術があり，その内容は云々」というCCSの意義と概略を説明した文書を読んで頂いた場合，その反応は概ね非常に好意的なのだそうです。しかしこれに加え，地下のCO_2の状態や挙動，井戸が健全か，微小振動が起こってないか等を把握する目的でモニタリングもしっかり実施するという文書を読んで頂くと，否定的な意見の人が大幅に増えてしまうとのことです。漠然とであれば肯定的に捉えていた技術に対し，具体的な説明が加わると却って疑念が沸くというのです。通常人は馴染みの無い場面において，物事を感情ヒューリスティックに好きか嫌いかで結論を出してしまい，その後は論理的な判断を避ける傾向があることの一例です。一方，私達は大学でCCSについてのフォーラムをこれ迄に3回開いております。そこはCCSフォーラムと銘打っているので，ステークホルダーやその周辺の方達が主な参加者ですが，そこで「理解が深まりましたか？」「その上でCCSに対し，賛否どちらの方向に動きましたか？」というアンケートを採りますと，「理解が深まったため懸念が大分晴れ，推進の方に傾いた」という反応が多いのです。これは，一般の方々と専門知識を有する人々に対する説明の仕方は，分けて考えなければいけないということを示唆するものだと思います。RITEさんもPAに関する研究をされていて，同様の結論が出ていたと思います。PAに関しての取り組みは非常に重要だが，与える情報が単に多ければ良いとも限らない，ということでした。勿論，だからといって情報を隠すというのは言語道断です。真摯な姿勢で人々に本当に必要な情報と事実を伝えていかなければなりません。例えば，先ほど中尾先生の膜分離のところで天然ガスとCO_2の話がありましたが，インドネシアのナツナガス田は70％がCO_2で90億tのCO_2が天然ガス田に埋まっているのです。90億tというと，日本の出すCO_2の7年分でしょうか。

本庄 7，8年分ですかね。

佐藤 それが，もう既に地下に埋まっているわけです。他にもCO_2ガス田は世界各地で確認されており"地下にCO_2が存在することは異常ではない"という事実があるのですが，周知はされていません。一般の方々には，そういうことを先ず知って頂く必要があります。その上で，状態としては異常なことではないが，CCSはそれを人為的に生み出そうとしており，その過程は十二分に注意深く進める必要があることを理解頂く。そして，その方法については重点的に，丁寧に分かり易く説明し理解を得ていく，そうしたきめ細かな努力が必要なのだと思います。

あとはCCSの受益者は誰かというと，地球温暖化の緩和を目的とした技術であるという意味においては，企業ではなくて国民，更に大きくは人類になります。今後に向けて，「CCSは自分達のために行うのだ」と皆さんに再確認頂ける様な広報を考える必要があるでしょう。国民が受益者であれば，先程のライアビリティの話にしても最終的には国が責任を持つということを早目に打ち出し，参入企業が最初の一歩を踏み出し易い環境を整える，という運びが自然になります。アメリカのUICや欧州のEU指令，オーストラリアのOPA等でも責任の移転時期について，20年とか50年とか具体的な年数が出始めています。日本だけが依然そうした数字を出しておらず，その辺の取り組みも必要ではないかと思います。

本庄 ありがとうございました。

そろそろ時間となってきましたので，これまでの議論を踏まえまして政府として今後どのような方向にCCSを引っ張っていかれるのか，秦室長からお考えをお聞かせいただけませんでしょうか。

座談会「わが国でのCCSの課題と展望」

秦 まず，わたしども大規模実施は着実に推進するということでございまして，その中でお話がありましたように，CCSの実用化に必要な制度整備についても，これから図っていく必要があると考えております。それから，特に分離膜についてお話しいただきましたけれども，これをやっていくというのは，必要不可欠なことだというふうに考えております。それからISOにつきましても，ご案内のとおりISO化という話がございますので，これを日本の得意技術が生かされる形で標準化を進めていかなければいけないということでございます。

日本の技術が，CCSという産業を起こして世界に広がって，それが地球温暖化に貢献すると，しかも，それが日本の産業にもつながると，そういうことをわたしどもこれから取り組んでいきたいと思います。その中で息が長い取り組みが必要だと思いますので，ぜひ先生方のご支援をいただきまして，進めていきたいというふうに考えております。

本庄 ありがとうございました。

そろそろ時間がまいりました。本日は皆さまに，わが国のCCSの現状，課題，展望についてご議論いただきました。CCSの推進において直面している問題および将来の課題が明確にクローズアップされたと思います。今後大規模実証に着手するにあたりまして，考えなければならないような幾つかの課題について，今後引き続き皆さまと一緒に検討していきたいというふうに思う次第でございます。

本日は誠にありがとうございました。

(完)

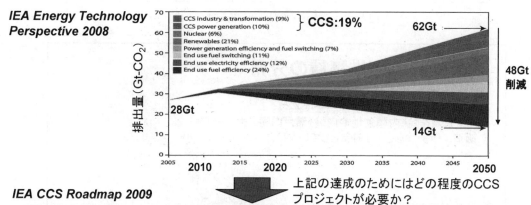

図1 2050年CO_2排出50％削減のためのシナリオ（IEA）

CCS技術の新展開

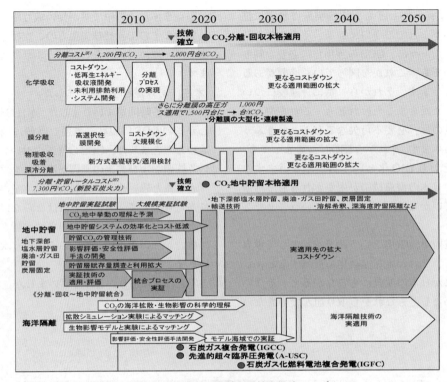

図2　CO_2固定化・有効利用技術戦略マップ

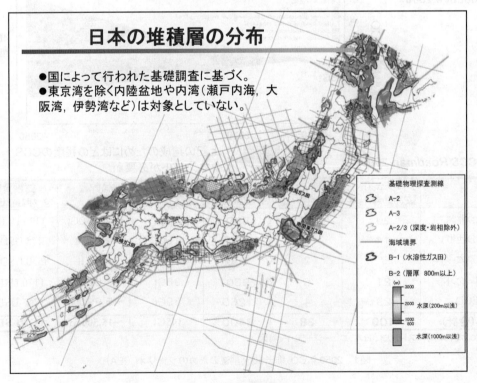

図3　日本の堆積層の分布

座談会「わが国でのCCSの課題と展望」

表1　全国貯留層賦存量の推定

（H17年度試算＊）

地質データ		カテゴリーA （背斜構造への貯留）	カテゴリーB （層位トラップなどを有する 地質構造への貯留）
油ガス田	坑井・震探 データが豊富	A1 35億t-CO2	B1 275億t-CO2
基礎試錐	坑井・震探 データあり	A2 52億t-CO2	
基礎物探	坑井データなし、 震探データあり	A3 214億t-CO2	B2 885億t-CO2
貯留概念図 貯留メカニズム ・Structural & stratigraphic trapping ・Residual gas trapping ・Solubility trapping ・Mineral trapping			
小　計		301億t-CO2	1,160億t-CO2
合　計		1,461億t-CO2	

（註1）内陸盆地ならびに内湾（瀬戸内海、大阪湾、伊勢湾など）は対象とせず
（註2）地下800m以深、かつ、4000m以浅が対象

（＊）H5年度推定結果（914億t-CO2）の見直し：地質調査データの追加、超臨界CO2状態の貯留割合見直し
＜H17年度RITE成果報告書改訂（2006.12）＞

表2　CCSコストの比較

国内／海外	現状 円/t-CO_2	IPCC SRCCS US$/t-$CO_2$		
検討ケース	新設石炭火力 〜帯水層貯留	新設石炭火力 〜帯水層貯留	新設NGCC 〜帯水層貯留	新設石炭火力 〜EOR
分離回収 〜昇圧	4,200	29〜51	37〜74	29〜51
輸　送	800 100万トン/年(20km)	1〜8 500-4000万トン/年(250km)		
圧　入	2,300 10万トン/年/坑井(ERD)	0.5〜8		△10〜16
合　計	7,300	30〜70	40〜90	9〜44

新設石炭火力発電所で分離回収、パイプライン20km輸送、10本のERDで年間100万トン圧入

CCS技術の新展開

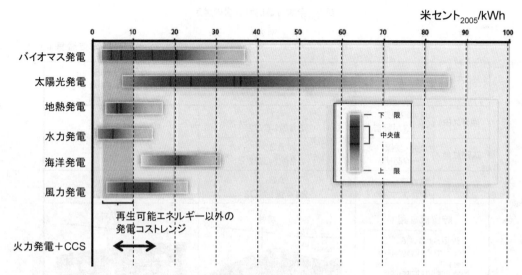

図4 他技術との発電コストの比較

出典：再生可能エネルギーはIPCC再生可能エネルギーに関する特別報告書（SRREN），Figure10.28, 2011，CCSはIPCC二酸化炭素回収貯留に関する特別報告書（SRCCS，Table 8.3a, 2005）の値を用いた。後者ではCCSコストが4.3-9.9 UScent/kWh，通常化石燃料発電比で＋1.2〜＋4.7 UScent/kWhとされているので，前者の化石燃料発電のレンジ＋CCS増分を矢印で示した。

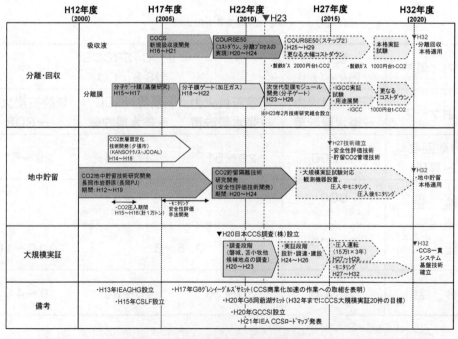

図5 CCS技術の現状

座談会「わが国でのCCSの課題と展望」

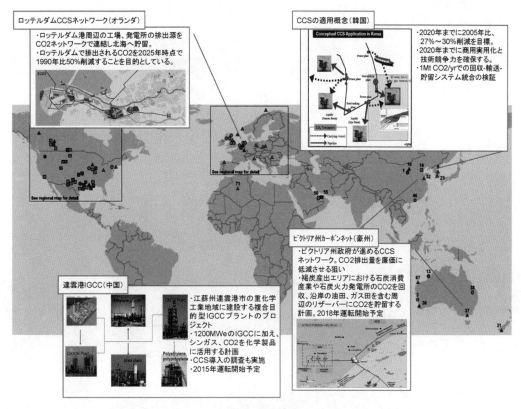

図6　海外動向

CCS技術の新展開《普及版》　(B1239)

2011年11月30日　初　版　第1刷発行
2018年 4 月10日　普及版　第1刷発行

　　監　修　　茅　陽一　　　　　　　　Printed in Japan
　　編　集　　(財)地球環境産業技術研究機構
　　発行者　　辻　賢司
　　発行所　　株式会社シーエムシー出版
　　　　　　　東京都千代田区神田錦町1-17-1
　　　　　　　電話 03(3293)7066
　　　　　　　大阪市中央区内平野町1-3-12
　　　　　　　電話 06(4794)8234
　　　　　　　http://www.cmcbooks.co.jp/

〔印刷　あさひ高速印刷株式会社〕　　　　　© Y. Kaya, 2018

落丁・乱丁本はお取替えいたします。

本書の内容の一部あるいは全部を無断で複写(コピー)することは，法律で認められた場合を除き，著作権および出版社の権利の侵害になります。

ISBN 978-4-7813-1276-7　C3058　¥4300E